JN110734

海上保安庁が今、求められているもの

波立つ海洋東アジアで

冨賀見 栄一

シーズ・プランニング

はじめに

　前著『海上保安庁進化論――海洋国家日本のポリスシーパワー』を執筆してから10年が経過した。前著は、「日本は本当に海洋国家なのか」「日本は海洋基本法を議員立法した背景には何があるのか」「海洋東アジアで何が起きているのか」「今後何が起こるか」を、海上警察機関である海上保安庁の活動を通してレポートしたものである。そして、今回の『海上保安庁が今、求められているもの――波立つ海洋東アジアで』は、ユーラシア大陸東端に接する島国である日本を中心に、その周辺の海洋国家戦略動向を、海洋活動の実務者（海上保安官）の立場から考察したものである。

　思うに、大陸アジアと海洋アジアの狭間での日本の基盤的国家戦略は古代より大きな変化はなく、現在まで継続していると考える。しかしながら、海洋東アジアの国際環境は大きく変わろうとしている。中国や韓国が経済発展を背景に海軍力を増強させるなど海洋重視の政策に舵を切る一方、防衛・外交・安全保障体制の構築とそのための情報収集を米国に頼っていた日本も、米国の総合的国力と国際的影響力の低下により、日米安全保障条約のみに全面的に依存することはできない状況になりつつある。

　現在、国際関係においては、「人、金、物」の動きがグローバル化しており、他国を軍事力、経済力などのハードパワーによって攻撃すれば、自国の社会、経済も影響を受けることになり、問題の解決策としてハードパワーを用いることが難しくなってきている。

このような状況の中、私は今後、軍事力、経済力というハードパワーではない、第3のパワー＝ソフトパワーが重要な国際政治力になる、そしてそのソフトパワーの一つが海上警察力ではないか、と考えている。さらに、海洋東アジアにおける不安定要因である北朝鮮の核・ミサイル開発に伴い、朝鮮半島の大きな情勢変化をめぐる東アジア諸国と国際社会の動向もあり、海洋東アジア地域は激動期に入り、日本の戦後体制も大きな曲がり角に入っている。その中で、自己変革をつづける海上保安庁の今後の役割は何か？　その役割をふまえて、どんな進化を遂げようとしているのか？

以上の思考に沿って、私自身の活動体験と歴史観にもとづく日本の海洋戦略的思考をまとめたレポートとして、本書を発表することとした。

最近、アメリカと中国・北朝鮮・韓国をめぐる動きが世界の関心を集めている。海洋国家日本としても大いに関心のある動きであるが、中国・北朝鮮・韓国の3国とも中華文明をベースにした、いわゆる儒教・易姓革命思想・宗族社会国家である。この3国との外交政策には、それぞれの国家の歴史と政治的風土などをふまえて対応しなければ、政策に齟齬をきたすのではないかと危惧している。

昨年（平成30年）6月と今年（平成31年）2月に開催された米朝首脳会談でも、トランプ大統領のビジネス取引センスだけの交渉スタイルでは齟齬が徐々に表面化しているように見受けられる。その理由として、私は、アメリカ国務省に中国大陸と朝鮮半島についての専門スタッフが不足しているのではないかと考える。中華思想の中国と、その思想の影響を強く受けている北朝鮮・韓国との外交交渉には、それぞれの国家の思想を深く理解することが重要である。それをおろそかにすれば、外交政策は破綻、あるいは不十分になる可能性が高いと推測する。日本が対応する場合も同様である。

なお、本書では「東アジア」「海洋東アジア」という表現を多用しているが、かんたんな説明をしておきたい。

「東アジア」の地理的概念については、従来からさまざまな意見があり、明確なものはない。1997年12月に「アジア通貨危機」に対処するため、マレーシアにおいて、ASEAN10ヵ国（タイ、インドネシア、シンガポール、フィリピン、マレーシア、ブルネイ、ベトナム、ミャンマー、ラオス、カンボジア）と日中韓3ヵ国の13ヵ国が参集する「東アジア首脳会議」が開催され、以降「東アジア」を冠する国際会議は13ヵ国に限定したものが多くなっている。中国は、この13ヵ国に限定する「東アジア共同体」構想を推進しているが、日本は、①開かれた地域主義の原則にもとづき、②経済社会面やテロ、海賊対策などのさまざまな分野での機能的協力の促進を通じて、③民主主義、人権などの普遍的価値やWTOなどのグローバルなルールに則って進められるべきであるとして、別個の方針を打ち出している。

2002年1月、小泉首相（当時）がシンガポールで政策演説をおこなった「東アジアコミュニティ構想」は、前記13ヵ国にオーストラリアとニュージーランドが参加、さらに2005年12月、マレーシアで開催された第1回東アジア首脳会議（EAS）には、日本側の意向どおりインドも参加した。このように、日本は「東アジア」の地理的範囲をインドやオセアニア諸国などを含む開かれた地域であると捉え、そこには極東ロシア、北朝鮮、台湾、スリランカ、バングラデシュなども含んでいる。

これら東アジア諸国は、大部分の国が海洋に面し、島嶼を多くかかえる地理的特性をもっている。そして、多くの国が民族・宗教の多様性や歴史的背景の違いからくる政治民主化の遅れなど不安定な国内治安課題もかかえている。また、経済力にも格差があり、軍事力や治安の面からも国力の差が歴然とし

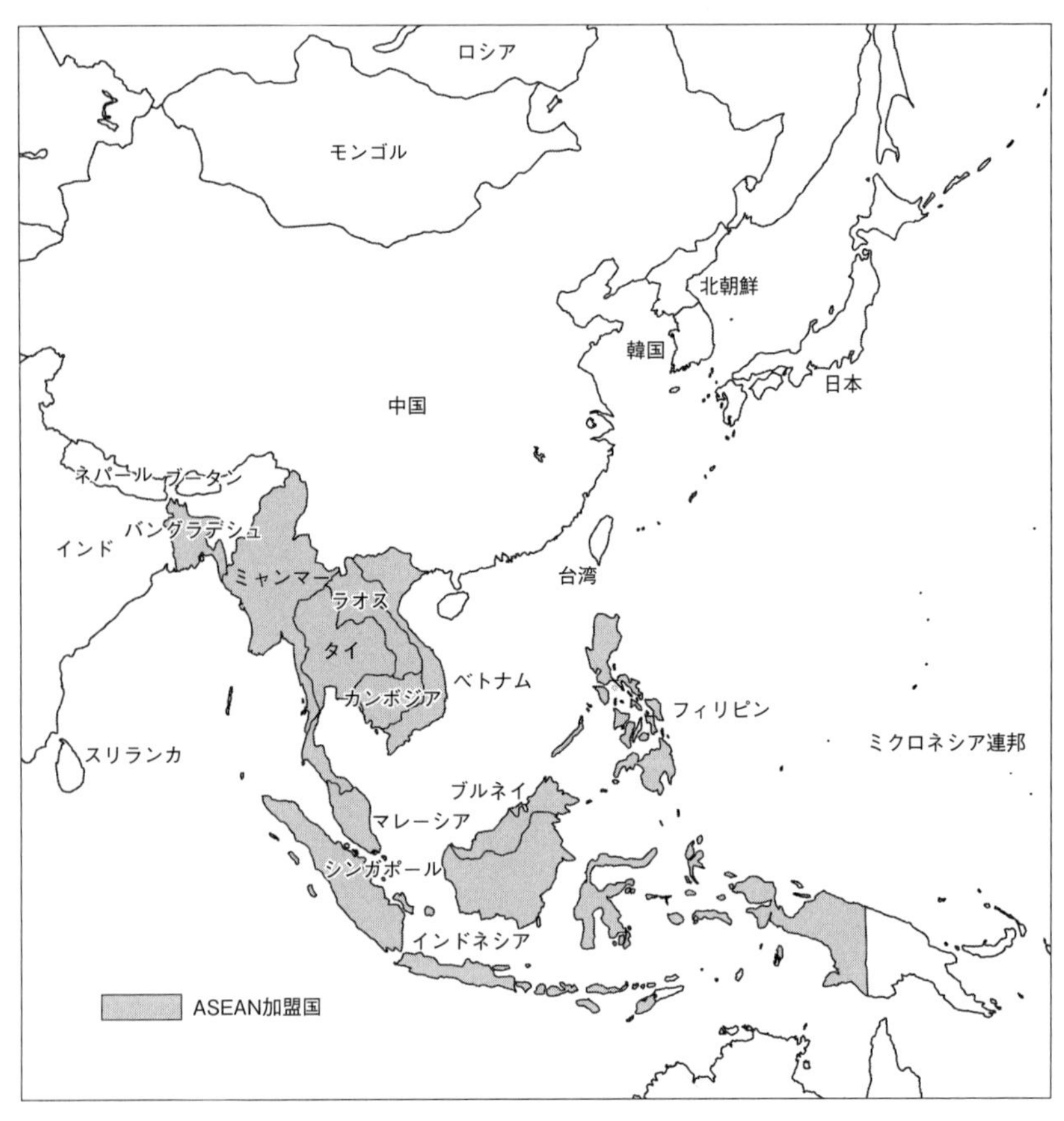
ロシア
モンゴル
北朝鮮
韓国
日本
中国
ネパール
ブータン
インド
バングラデシュ
ミャンマー
ラオス
台湾
タイ
ベトナム
カンボジア
フィリピン
ミクロネシア連邦
スリランカ
ブルネイ
マレーシア
シンガポール
インドネシア
ASEAN加盟国

海洋東アジア

ている。

本書では、①日中韓3ヵ国および北朝鮮、極東ロシアを加えた「北東アジア」、②ＡＳＥＡＮ10ヵ国からなる「東南アジア」、③オセアニア北部、インド東部、スリランカ、ミクロネシアなどの国々に囲まれた海洋を「海洋東アジア」、とそれぞれ略称している。

目　次

目　次

第5章　日本の海洋戦略的動向

第1章

海洋国家日本と海上警察力

1．海洋国家としての日本

（1）記紀に見る海洋国家日本のグランドデザイン

『古事記』が完成したのは712年、『日本書紀』は720年である。『古事記』の故郷である奈良県では、2012（平成24）年が『古事記』完成1300年の節目にあたることから、「古事記編纂1300年」の記念行事が催された。この年、私はたまたま奈良県庁を訪れ、荒井正吾県知事に面会する機会があった。荒井知事は知事、参議院議員の前は海上保安庁長官で、私の上司であった。現役時代にいろいろと課題をいただいたこともあり、その処理状況の報告のために奈良県庁にたびたび赴いていた。

ところで、最近『古事記』に関する書籍が目につくようになってきた。これは隣国の中国、韓国、北朝鮮から歴史認識に関連して外交攻勢を受け、隣国の言う「正しい歴史認識」について日本人自身も何か腑に落ちないと感じはじめ、日本民族のアイデンティティについて考えはじめたゆえの現象かもしれない。

『古事記』『日本書紀』（以下「記紀」と略記）はともに、天武天皇の命により編纂された。その理由は、天武天皇が即位する前に起こった古代最大の内乱「壬申の乱」などで、それまでの天皇家の歴史書であ

荒井正吾奈良県知事と著者（知事室にて、2009 年）

る「天皇記」が消失してしまったからだ、と言われている。

二つの歴史書を編纂する必要性はどこにあったのだろうか。通説では、『古事記』は国内向け、『日本書紀』は国外向けであると言われている。国外向けの『日本書紀』は、東アジアの中心国である中国皇帝に対する外交文書として漢文（当時の国際語）で書かれ、大和朝廷の正統性を示したものである。それに対し、国内向けの『古事記』は、平がな・カタカナがなかった時代に、日本語の音を漢字で表記したもので、庶民に天皇制の正統性を示したものと言われている。

『古事記』には、「宇岐歌」「志都歌」など歌曲名のついた歌謡が多数載せられており、その歌謡は神話や物語の一部となっている。このことから『古事記』で用いられている古語は、語りの典拠とされているとの学説がある。

統一国家として国を統治し、同じ民族であるという意識を持たせるためには、言葉、とくに書き言葉が重要である。言語教育により意思伝達システムを確立し、統治機構を強化するとともに、庶民にアイデンティティを確立させる必要があったのではないだろうか。そのための『古事記』の編纂だったと考えれば納得がいく。

記紀成立の約半世紀前の６６３年、朝鮮半島南西の白村江(ペクチョンガン)で、唐・新羅連合軍との海戦において、日本・百済連合軍が大敗した。大和朝廷は百済滅亡後、唐・新羅連合軍の日本への侵攻を恐れた。そこで国を挙げて国土を防衛する必要性を感じ、庶民意識を高揚させることにより、統治機構の強化を図るために『古事記』を編纂したのではないだろうか。歴史を理解するには、国内事情だけでなく、海外事情との関連にも目を向ける必要があることの好例である。

さて『古事記』の本文は「天地(あめつち)初めて発(あらわ)れし時に、高天(たかま)の原(はら)に成れる神の名は」で、『日本書紀』の本文も「古(いにしえ)に天地未(あめつちいま)だ剖(わか)れず、陰陽(めお)分れざりしとき」でそれぞれはじまり、どちらも「天地創造神話」から語りはじめられている。次が「国生み神話」である。伊邪那岐神(いざなきの)、伊邪那美神(いざなみの)の男女二神が天の浮(あめのうき)橋(はし)の上に立ち、天の沼矛(あめのぬぼこ)を下ろして探ると、青海原があらわれた。その矛を引き上げると、先から垂れた潮が落ち固まって島となり、この島をオノゴロ島と言い、男女二神はこのオノゴロ島に移り住み、つぎつぎに島を生んでいった。

話は少しそれるが、この「国生み神話」の中に「青海原・潮・島」という言葉が出てくる。これはすべて「海」をイメージする言葉である。この中で「島」という言葉は土地の周辺を観察したり、海上から土地を眺めて初めてこの土地が島として認識されるものである。たとえば、オーストラリア大陸も巨大な島であるが、ある程度の造船技術、航海技術がなければ、そこが島であると認識することは難しい。

古代における航海技術、造船技術は現在とくらべて格段に劣っているが、それでも当時、日本にも相当な海洋移動能力があったことは想像できる。

古代、日本列島や朝鮮半島は、海岸線の一部を除き、平地が少なく、森、川、湖沼が多かったと推測される。集落周辺には日常生活に使う道や他の集落に通じる道はあっただろうが、現在ほど整備されてはいなかったと思われる。昔は道を整備するには多大な労力が必要なうえ、大きな川には橋もかけられておらず、陸上交通路は物資や人が移動するには、それほど便利なルートではなかったのである。

一方、海上交通路はとくに整備する必要もなく、船さえあれば、気象、海象、海流、潮流の環境に左右されることはあっても、安全で平坦な移動経路であったと考えられる。私は古代における海上ルートとして、瀬戸内海と日本海（初春から初秋の期間）を主に利用したのではないかと考えている。瀬戸内海と日本海は、陸地によって囲まれ、狭い出入口によって他の海につながる半閉鎖海域であり、太平洋にくらべると池のような海である。海外との交易は、もちろん海上交通路になるが、国内でも大量の物資や人の移動には海上交通路が利用されたと考えられる。

『古事記』の「国生み神話」では、淡道の穂の狭別島（淡路島）、伊豫の二名島（四国）、隠伎の三子島（隠岐諸島）、筑紫島（九州）、伊伎島（壱岐）、津島（対馬）、佐度島（佐渡島）、大倭豊秋津島（摂津、河内、大和付近の本州）の大八島を生み、次いで吉備児島（児島半島）、小豆島、大島（周防大島）、女島（姫島）、知訶島（五島列島）、両児島（男女群島）を生んだと記載されている。瀬戸内海東部海域から九州北部海域を経て、九州西部東シナ海の絶海の孤島まで生んだことになる。

私は昔から、この「国生み神話」に一つの疑問をもっていた。それは、大八島は大和朝廷政権の統治

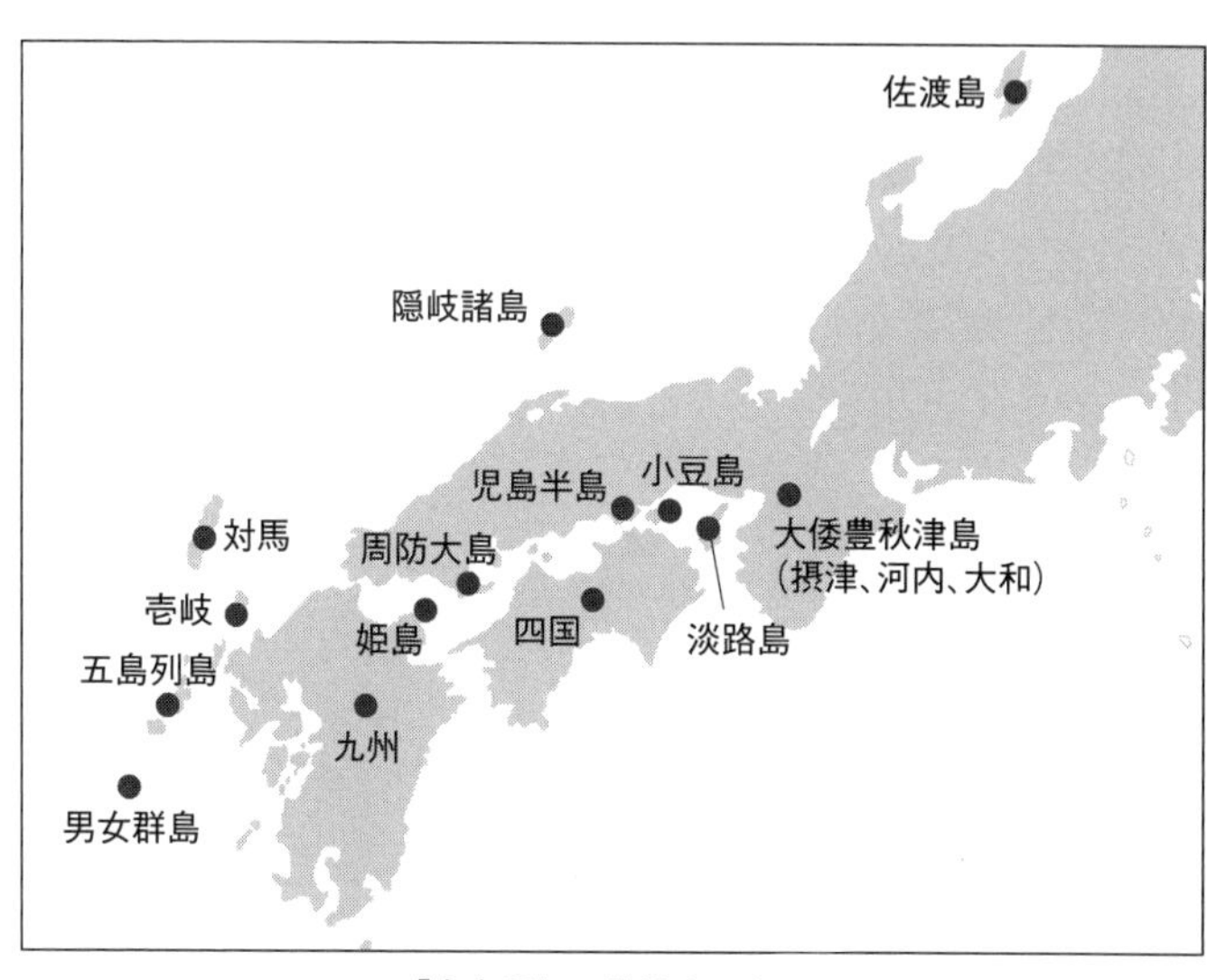

『古事記』に登場する島々

エリアを示すものと推測するが、瀬戸内海やその他の海域にも多くの島があるにもかかわらず、なぜ、大八島の次に瀬戸内海東部の吉備児島から現在無人島である九州西部海域の両児島まで生まなければならなかったのか、ということである。

これは私が海上保安大学校時代に抱いた疑問であるが、海流・潮流などの海象、海洋気象学、海事慣習史、航海術などを学ぶとともに、『古事記』に記載された瀬戸内海から東シナ海の島々への航海を通して、その疑問の答えを探しつづけ、ようやく一つの仮説にたどり着いた。

記紀の「天地創造神話」から「国生み神話」で、大八島の次にこれらの小島を生んだのは、大和朝廷の統治エリア(陸域・海域)を示すとともに、この政権が海上ルートを統治し、海上交易により国家経営をおこなう海洋国家的性格をもっていたからだと考える。つまり、これらの島々は国家を経営するための重要航路の拠点(風待ち・潮待ち寄港地、水・食料・乗員補給地、海上の道標、修理拠点、軍事拠点など）であったのだろう。

大和朝廷の海上ルートの支配を裏づける歴史的事実の一つに、海の部族である宗像族による九州北部－沖ノ島－対馬－朝鮮半島南部（釜山）の航海ルートの存在があげられる。宗像族が祀る宗像大社の祭神は大和朝廷との関連が深く、『古事記』の出雲の物語にも登場する。また、沖ノ島（宗像大社沖津宮）は、国宝、重要文化財などが12万点も発掘され、「海の正倉院」と呼ばれるなど、古代より航路の道標とされてきた神体島である。２０１７年7月9日、ユネスコの世界遺産委員会は、「『神宿る島』宗像・沖ノ島と関連遺産群」を構成する全遺産を世界文化遺産に登録することを決定した。イコモスの勧告では沖ノ島と関連小島という「点」だけだったが、沖ノ島と関連小島、九州北部の宗像大社や関連古墳群を結ぶ「線」として世界文化遺産となった。古代日本の海上ルートに関連する文化財が世界文化遺産となったことは、記紀の時代の海上ルートが発掘されたように思われ、海上ルート支配の重要性を証明する歴史的決定だったといえるのではないだろうか。

これらをふまえて記紀を見ると、「国生み神話」からは島と島を結び、海上ルートを構築することで国家経営の基盤とした海洋国家のグランドデザインがイメージされてくる。日本の支配階級が中華帝国の華夷秩序（中華の天子が世界の中心であり、その文化・思想が神聖なものであると自負する考え方）から離脱して、独自の統治システムのもと、自立した国家意識を持ったのは、隋（ずい）の第二代皇帝である煬帝（ようだい）に国書を送った聖徳太子の時代からといわれている。さらに、白村江の敗戦以後は、国防が重要な政治課題となり、防人などを通じて民衆にも日本人としての意識が定着したのではないだろうか。

現在においても日本海、対馬海峡、東シナ海、南シナ海などの海洋秩序の維持・安定は国家存立の必要条件であり、大和政権以降も日本国のグランドデザインとして存在しつづけているのではないかと考える。

(2) 海洋国家としての失敗

日本は国家という概念がない時代より、海は生存に必要な塩、魚介類などのタンパク源を供給する場であるとともに、大陸や半島から物資や知識を手に入れるための大切な交通ルートであった。弥生時代に稲作技術が伝わり、食料を安定的に確保できるようになってからも、どのように海外と交易をおこない、国家の安全を維持していくかが国家の基本戦略であったと考えられる。

ところで、大きな歴史の流れを見ると、日本は国力が充実してくるたびに、国家経営のエリアを海外に求め、進出していくことを繰り返し、必ず大きなつまづきを経験している。

それを象徴する歴史的事件として、663年の白村江の海戦での大和水軍の敗北、1592～98年の豊臣秀吉による朝鮮出兵の失敗、1941～45年の第2次世界大戦(太平洋戦争)の敗北などがあげられる。

川勝平太氏(現、静岡県知事)はその著書『文明の海洋史観』の中で、次のように指摘している。

日本史の海洋的パラダイム

日本は6800余りの島からなる島国である。ゆえに、海を渡ってくる文明の波に洗われながら社会が発展してきた。海と陸という観点からみると、日本社会は海洋志向の時代と内陸志向の時代とを交互に繰り返している。奈良・平安時代、鎌倉時代、江戸時代は内陸志向であり、奈良時代以前、室町時代、明治時代以降の時期は海洋志向である。興味深いのは、三つの海洋志向の時代の末期に、それぞれ白村江の海戦（663年）の敗北、秀吉の朝鮮出兵（文禄・慶長の役、1592〜98年）の失敗、太平洋戦争（1941〜45年）の失敗を経験していることである。敗北は国家存亡の危機をもたらす。これら三つの危機を日本を襲った荒波に例えるならば、日本の社会は海外からの撤退を余儀なくされるごとに、海洋志向から心機一転して内陸志向に転じ、内治を優先して国内のインフラストラクチャーを整備して、新社会を生み出してきた。

このように中国大陸や朝鮮半島との関わりは、大陸や半島からの脅威に対応するためだったり、逆に日本が大陸や半島に進出するためであった。それにより日本は大陸・半島に深く関与することになり、前述のとおり失敗の歴史を繰り返すことになったのである。

このような歴史をふまえて、日本の海洋国家としての国家運営・国家戦略は、イデオロギー的正義観ではなく、歴史的バランス観に重点を置くことが必要ではないか、と私は強く感じている。

（3）求められる覚悟

21世紀の今日においても、日本の地政学的ポジションは、大和政権時代とまったく変わっていない。資源小国・日本は、隣接する中国大陸・朝鮮半島との関係に最大級の関心を払いながら、海外から輸入した原油・LNGなどのエネルギー資源を使い、鉄鉱石などの原材料を加工し、付加価値の高い製品を輸出することで外貨を得る貿易立国として国家経営をおこなっている。

日本の国境はすべて海であり、輸出入のほとんどを海運に頼らねばならない。高付加価値の軽量製品や人の移動は、航空機を利用するにしても、日本の経済活動・国民生活の基盤を支えるのは、なんと言っても海上輸送である。日本はトン数ベースで輸出入合計の99％を海上輸送に依存しており、海上輸送こそが日本の生命線となっている。現状では、食料自給率（２０１９年度）はカロリーベースで38％、水産物自給率（２０１９年度、食用魚介類、重量ベース）も56％、エネルギー自給率（２０１７年度）はわずかに９・６％である。

今後、世界人口の増加、新興国の経済発展、地球温暖化問題などにより、食料やエネルギーの供給は逼迫する恐れがある。食料・エネルギー価格の高騰が懸念される中、無資源国の日本にとって食料・エネルギーの安全保障、海運の維持、海洋資源開発、海洋の安全保障、海洋秩序の維持などの対策は必要不可欠である。

しかしながら、東シナ海での海洋資源問題、尖閣諸島の領有権問題、南シナ海での海洋管轄問題など、海洋をめぐる激烈な攻防に接して、海洋への関心は高まっているものの、アンケート調査などでは海洋問題への国民の関心は薄いという結果が出ている。

日本にとって海洋に関する問題は国家存続の重要事項である。日本政府は海洋国家として、海洋専門家（海事従事者、造船技術者、地球物理学・海洋学者、国際海洋法学者、海洋法執行機関関係者、海洋資源開発関係者など）の教育・養成・増員をはじめ海洋勢力増強などの基盤整備を図るとともに、国家戦略を確立しなければならない。

（4）海洋国家同盟論

『大陸国家と海洋国家の戦略』の中で、著者の佐藤徳太郎氏は、大陸国家と海洋国家の戦略を比較するために、第1次大戦におけるドイツとイギリスの戦略的な情勢認識と戦争指導に注目し、大陸国家の戦略思想家としてカール・フォン・クラウゼヴィッツを、海洋国家の戦略思想家としてベイジル・リデル＝ハートをとりあげて分析している。クラウゼヴィッツは決戦を重要視したが、リデル＝ハートは決戦に必ずしも関心を示さなかった。なぜならリデル＝ハートは、敵を兵力によって撃滅するだけでなく、外交や経済封鎖などのあらゆる行動を、戦争目的を達成するための手段と考えていたためである。

佐藤氏は、大陸国家思想では国防のための軍事力を国境に配備する必要があり、多数の兵力を要するため国防費も多大にならざるをえないが、日本は有力な海軍による海洋国家たるべきとする戦略思想にもとづき、国防を図るべきと唱えている。陸軍によって国防を果たそうとすれば、海岸線が長大であるがゆえに、敵国から侵略を受けやすく、生命・財産などに甚大な被害をこうむる危険性が高い。一方、海軍を主力とすれば、設定した海域で敵国の侵入を防衛することができる。それゆえ、海洋国家としてはシーパワーの拡充が絶対的な必要条件であるとした。

あわせて海洋国家は敵国を併合し、版図を拡充する十分な国力を確保することはできないから、侵略主義を採用すべきではないとしている。これはまさに専守防衛の思想であり、海洋国家日本の戦略構想ではないどろうか。日本が海洋国家として版図を拡大すべく試みて失敗した例は、先に述べたとおりである。

同盟する相手国も、戦略思想を同じくする海洋国家でなければならない。これは歴史的にも裏づけられている。日露戦争を控えた１９０２(明治35)年１月に締結された日英同盟(１９２１年廃棄)と第２次大戦(太平洋戦争)後の日米同盟という海洋国家同盟による日本の国益維持、平和的存続が保持された事実がそれである。海洋の自由を堅持するため海洋国家と連携することが、日本にとって安全保障の基盤なのである。

拓殖大学元学長の渡辺利夫氏も、つぎのように述べている。

日露戦争勝利の外交的根拠は日英同盟という「海洋国家同盟」にあったというのがポイントである。その後、日英同盟を破棄し、中国大陸の中心部に入り込み、泥沼に足をとられ、悲劇的な自滅の道を突き進んだ。敗戦後、日本は新たに日米同盟を結び、穏やかな「戦後60年」を過ごした。ここでのポイントは、日米同盟という日英同盟に変わって海洋国家同盟の成立である。近現代史における日本の幸福は海洋国家同盟によって得られ、その不幸は大陸への積極的な関与によってやってきた。この歴史を常に思いを馳せつつ、日本は東アジア共同体に対処しなければならない。

大陸国家と海洋国家の戦略的違いについて、国防に関する具体的事例をあげれば、理解が容易になる。大陸国家である中国は、海洋戦略として第1列島線、第2列島線(詳細は3章)という防衛ラインを海洋に設定している。これはまさに「海の万里の長城」であり、大陸国家の戦略的発想である。この防衛ラインを維持するには、膨大な予算(海軍力の整備・増強・維持、要員の確保・教育訓練などの経費)が必要となるが、中国の経済力が低下すれば、その負担は大きくなり、「万里の長城」が無用の長物となったのと同じ道をたどる可能性がある。

これに対し、海洋国家の戦略では、国防ラインは領海ラインではない。イギリスのキャプテン・ドレイクは「イギリスの国防線は海岸線や領海線にはない。イギリス海峡の真ん中にもない。イギリスの国防ラインは相手国(大陸国)の港(海軍基地)の背後にある」と言っており、大陸国家と海洋国家の戦略・戦術的違いを再認識しなければならない。

さらに、海洋国家の基盤を支えるためには、海軍力などのシーパワーが必要であることは論を待たない。アルフレッド・T・マハンの海洋地政学の理論では、シーパワーを海軍力だけでなく海運力、港湾施設などを総合した国力であると定義している。このシーパワーを確立するためには、国家の海洋文明力、造船・装備技術力、船舶運用力、港湾造修力、海洋調査力、加えてそれらを支える絶対的な経済力がなければならない。

それは過去の戦争事例で、如実にわかる。ベトナム戦争で圧倒的勢力を誇るアメリカ軍が苦戦を強いられた例を見ても、装備などの技術力や物量などの経済力の差は、陸戦においては戦術の工夫や精神力次第で克服可能なことがわかる。しかし、太平洋戦争で日本海軍は空母機動部隊の創設とゼロ戦という高い航空戦闘能力などをもって、緒戦こそ有利に展開したが、アメリカ海軍が航空母艦とゼロ戦を上回る戦闘能力をもつ戦闘機を量産しだすと、手も足も出なくなった。このように、海戦ではシーパワーの源泉である技術力・経済力の差を克服することは困難である。

そう考えると、海洋国家と同盟関係を結ぶにあたっては、自らもシーパワーを確立・維持・向上させ、海洋文明力を背景に経済力に支えられた技術力が必要となる。

2. 日本の海上警察力

（1）海軍力から海上警察力へ

大航海時代、ヨーロッパの海洋国家は、通商・海運により未知なる世界への冒険的行為というリスクと引き換えに、莫大な利益を獲得して大いなる繁栄を謳歌した。しかし、航海は長期間にわたるうえ、荒天や水不足、伝染病などさまざまな危険を伴い、しばしば外敵にも悩まされた。

また、植民地獲得活動が最も活発な時代には、海賊が通商ルートに出没し、無法状態が続いた。この海賊による被害が無視できないものになると、海洋の通商路保護と国益確保のため、海賊対策が必要になってきた。そのためローマ法王庁は、海賊行為が海洋国家に対する敵対行為であり、しかも彼らが特定の国家に属する団体でもないことから、「海賊は人類の敵」とするルールをつくるにいたった。

注目すべきは「敵」という言葉である。海賊行為を犯罪行為ではなく、国家に対する略奪行為であると位置づけ、その取締りは戦闘行為に対する交戦権に準じた取扱いをしてもよい、と考えたのである。そのため、海軍が海賊を取締まる際は、海賊を「国家の敵」として、交戦法規にもとづいて武器を用いて海賊船を拿捕または沈没させてもよいとした。このように、海賊の取締りには海軍が交戦権を行使するというルールのもとで、海軍力が行使されていたのである。

しかし、時代とともにさまざまな物資が海上輸送されるようになり、漁業活動も沿岸海域から沖合海域に広がるなど海洋利用が拡大してくると、海上での不法取引や密漁・密航といった新しいタイプの海上犯罪が増えてきた。これらの海上犯罪を、海賊の取締り同様「人類の敵」として、発見した国が取締るという単純な権限行使では、違反船の属する国（旗国）との間で問題が生じるようになってきた。

そこで海賊の取締りとは別に、海上犯罪がおこなわ

【参考】軍事力と警察力

海上保安庁は、法令の励行、人命財産の保護など法秩序を維持する目的で創設され、政治的には中立の立場である。一方、軍事組織の任務は、政治的行為の延長で軍事力をもって国益を守ることが求められ、場合によっては国際紛争にも関与することもある。いずれの組織も、武器をもって犯罪者または敵に対処するが、力を行使する状況は明らかに異なっている。海上警察力行使の現場は日常の生活空間で、軍事力行使の現場は有事の戦闘空間である。

さらに武器の運用についても、大きな違いがある。海上保安官は正当防衛、緊急避難に際して、拳銃などの武器を使用できるが、武器の使用を認められているのは海上保安官個人で、使用に際しては、「警察比例の原則」のもと、あくまでも海上保安官個人が判断し、その結果に対しても個人が責任を負う。これに対して、軍事組織での武器の使用は戦闘行為で、使用には組織全体の判断が優先される。

また、警察力と軍事力は一見すると同じように見えるが、兵站組織（燃料、食料、弾薬などの補給部隊）・施設部隊・補充勢力（即応予備自衛官など）の有無や、教育・訓練・装備体系などに大きな違いがある。すなわち自己完結組織であるか否かの違いがある。これらの点を理解したうえで海上警察力の運用を考えなければならない。

れたときは、拿捕・取調べについては発見した国がおこなうが、裁判は違反船の旗国がおこなう、という海上犯罪取締りに関する国際条約が生まれたのである。このような経緯で、現在では、海上犯罪の取締りなど海上秩序の維持活動は海軍の手を離れ、主に警察機関がおこなうようになってきた。「海上警察力」の登場である。私はこの力を「ポリスシーパワー」と呼んでいる。

なお、現在でも海賊行為に関しては、軍艦が海賊船を拿捕できるとされている（国連海洋法条約１０７条、海賊行為の処罰および海賊行為への対処に関する法律（２００９年法律　第55号第７条））。

（2）海上保安庁の力

日本の海上警察力である海上保安庁は、第２次大戦敗戦後の復興・混乱の中、日本の周辺海域における機雷の掃海・処理、不法入国者の監視、水路測量、海図作成、灯台復旧など海上における治安の維持と海上交通の安全確保を一元的に担務する機関として、１９４８（昭和23）年5月に創設された。

当時日本を占領していた米国のコーストガードをモデルに、海上保安制度が創設されたが、戦勝国サイドから日本の再軍備化を招くではないのかとの疑念が持たれた。その疑念を払拭するために定められたのが、海上保安庁法第25条（解釈上の注意）である。この規定は「この法律のいかなる規定も海上保安庁またはその職員が軍隊として組織され、訓練され、または軍隊の機能を営むことを認めるものとこれを解釈してはならない」というものであり、日本の海上保安制度は海軍力を背景にした国防組織ではなく、海上警察力を背景にした警察行政組織であることを明確にした。

海上警察力の役割は、陸上の警察と同様、国内における法令の励行、治安の維持、国民の生命・財産の保護などであるが、日本の国境はすべて海であり、必然的に国境警備という重要な役割も持っている。その国境(領海)警備は、密航・密輸などの不法行為、重油などの有害物質による海洋汚染などを、領海の外縁でブロックして、国内の治安と安全を維持・確保するディフェンス的警察行為である。その領海警備活動は、外交的問題に発展する可能性の高い任務であるので、海上警察力行使にあたっては、その措置が国内法と国際法上いかなる根拠にもとづいているのか、法にもとづきどこまで実力行使できるのか、を明確にしておく必要がある。

国境(領海)警備行動の対象は、密航、密輸、密入国、密漁など私人による侵犯行為から、スパイ工作行為など国家による侵犯行為まで幅がある。その侵犯行為に対する実力行使も、警察力と軍事力の両方を持って対処することになるが、いきなり軍事力で対処するのではなく、まず警察力で対処することになる。これは法にもとづく事件処理であり、裁判管轄権の問題はあるものの、国際紛争に発展することを抑制し、問題をエスカレートさせない対応が可能であると考える。また、平時においては、海上警察力による国境警備が現実的と思われ、東シナ海、東南アジア諸国でも、海軍力から海上警察力を切り離し、新たに海上警察機関を創設する動きが広まっている。

【参考】警察比例の原則

警察権の発動は、経験的に過度の行使に傾きやすく、人権保障の観点からその濫用を抑止するために、その行使には一定の限度が必要であるという社会的要請にもとづき設けられた。目的達成の障害の程度と比例する限度においてのみ行使することが妥当とする原則で、要するに相手の武器よりも勝る武器は使わないということである。警察官職務執行法第１条２項で、この原則を明文化している。

警察力は大きく分けて、国内の治安維持活動をおこなう国内向けパワーと、海外からの侵犯行為を取締る国外向けパワーに区別される。海上警察力の重要な役割はこの国外向けパワーで、平時における海外からの侵犯行為に対して「国家の安全」を守ることであり、海上犯罪に対しては、被害者を特定せず、その行為者を処罰する。たとえば、密航・密輸事件の場合、被害者は特定の個人ではなく、国家自体であると考える。つまり「国家の安全」のための警察力といえる。

この具体的な事例として、今でも鮮明に記憶しているのが、２００１(平成13)年12月22日の九州南西海域における北朝鮮工作船と海上保安庁の巡視船艇・航空機による領海警備をめぐる事案である。この事件では、巡視船による正当防衛射撃などがおこなわれ、工作船は自爆用爆発物により沈没した。この事件を処理するため、海上保安庁は沈没工作船を引き揚げ、徹底的な捜査をおこない、工作船乗組員について日本の法律違反(漁業法違反、海上保安官に対する殺人未遂)で検察庁に事件送致した。

これら海上保安庁がおこなった一連の措置と法律的処理に関して、関係する国家から国際海洋法裁判所に提訴された事実はなく、外交的にも批判はない。国内法、国際法にもとづいた適正な措置であったと考える。加えて、２国間の紛争にも発展していないことは、平時における海上警察力が海洋の平和と秩序を維持するうえで有効なパワーであることを証明したものと考える。

3.「国力」としての海上警察力

(1) ソフトパワー拡大こそ現実的方法

本田優氏の『日本に国家戦略はあるのか』によると、国家戦略とは「国力」を使って「国益」を実現する方法論であり、「国益」とは国民が幸福に暮らせることであると言う。さらに国際関係に影響を及ぼすことのできる力を言う場合もある。国家としては当然のことながら「国力」を充実させることが求められる。

では、その「国力」とはどのようなものなのか。元駐米大使の栗山尚一(たかかず)氏は「国力」を、①軍事力、②経済力、③文化や理念などの抽象的なイデアの力、④外交力の四つに、元米国国防次官補ジョセフ・S・ナイハーバード大学教授は、①軍事力、②経済力、③ソフトパワーの三つに分けている。共通する①軍事力、②経済力は、他国に対する軍事制裁、経済制裁として従来から用いられている外交手段であり、ハードパワーである。これに対して、他の「国力」がソフトパワーと考えられる。ナイ教授はこのソフトパワーについて「強制や報酬ではなく、魅力によって望ましい結果を得る能力である。それは一国の文化、政治的理想、政策から生まれる。我々の政策が他国から見て道理にかなっていると映れば、我々のソフトパワーは大きくなる」と説明している。

日本の「国力」を考えた場合、ハードパワーである核武装・軍事大国化については、国内はもとより東アジア・東南アジア諸国から警戒や懸念を抱かれている。加えて、少子高齢化が進み、財政状況が厳しくなってきており、今後経済力の低下は免れない。その面からも軍事力の増強は困難で、現在の経済力を維持することが精一杯と思われる。このような状況の中で、日本の「国力」を維持・向上させ、国際社会における日本の存在感、発言力を高めるには、ソフトパワーの拡大が唯一現実的な方法ではないだろうか。

⑵ 海洋のソフトパワー

では、具体的にソフトパワーとは何かというと、たとえばCO_2の削減、新エネルギーの確保、国際紛争の防止などに寄与する政策で、その有効性を実証できれば、他国もその施策に積極的に同意することになる。さらにそれがグローバルスタンダードになれば、提言した国の発言力は増し、「国力」は大きくなる。国際紛争などにおいても、軍事力と経済力によって問題を解決するハードパワーに対して、日常生活を脅かすことなく問題解決を図るソフトパワーは、日本にとって有効かつ現実的な「国力」の一つになりうると確信している。

ハードパワーによる問題解決の手法は、有事になればエスカレートしやすいが、ソフトパワーによる対応であれば有事に発展しにくい。しかも、平時において治安を維持し、犯罪行為を予防・鎮圧する警察力（ソフトパワー）はどの国にもあるので、国際的にこれをいかに有効に機能させるかが、問題解決のカギになるだろう。より安定した安全保障を構築するためにも、日本は積極的にソフトパワーの有効性を世界に示すべきだと私は考える。

高坂正堯氏は『海洋国家日本の構想』の中で、つぎのように指摘している。

20世紀後半の世界政治においては軍事力の持つ比重は次第に減少し、その結果、力の闘争における中心は軍事力から「役割」に変わってきている。したがって今後も国際政治において力の闘争がおこなわれることは間違いないが、しかし、その形は20世紀前半の力の闘争とはよほど変わったものになるだろう。（中略）国際問題の解決にはもちろん軍事力の背景が必要であるが、しかし、国際世論への訴えの果たす「役割」も大きいことが注目されなくてはならない。

このように、海上警察力というソフトパワーを機能させる政策が、海洋国家として重要になってくる。前述した九州南西海域の東シナ海で発生した北朝鮮工作船と海上保安庁の巡視船との領海警備をめぐる攻防の一連の措置・処理は、まさに海上警察力によるもので、東アジアおよび東南アジア諸国に、海軍から海上警察力を分離させる政策を促進させるきっかけとなったと考える。

海洋におけるソフトパワーの可能性に関心が高まる中、２００７（平成19）年、日本はＯＤＡ（政府開発援助）によりインドネシアに巡視船３隻を無償供与した。その際、巡視船の防弾用装甲が軍用船舶とみなされ、武器輸出三原則に抵触するのではないかという議論があったが、テロ、海賊対策援助は例外扱いとして実行された。当時インドネシアには海上警察機関はなく、国家警察本部に巡視船を供与したものであるが、これを機に、海上警察機関を創設する方向に動きはじめた。

さらに、２０１１（平成23）年12月、武器輸出三原則の見直しで、平和貢献、国際協力での防衛装備品供与については、相手国の目的外使用と第三国への移転がないことを担保したうえで、海上警察力としての巡視船のODA供与は可能とした。これを受けて、翌年4月、フィリピン、マレーシア、ベトナムの3ヵ国を対象に、巡視船供与などを通して海上警察力の強化策を支援し、南シナ海におけるテロ、海賊対策を目的とする国際協力がおこなわれた。マラッカ海峡は日本のエネルギー資源運搬の重要なシーレーンであり、同海峡の海洋秩序の強化は日本の国益に適うものであり、ODA大綱の「国際社会の平和と発展に貢献し、これを通じて我が国の安全と繁栄の確保に資する」という目的にも合致している。

武器輸出三原則は、冷戦時代に定められたものであるが、世界情勢は激しく動き、変化に対応した対策が必要となった。そのため2014(平成26)年安倍内閣は、武器輸出を原則禁止とした「武器輸出三原則」に代わる「防衛装備移転三原則」を閣議決定した。これは、基本的に武器の輸出を認めたうえで、それを禁止する際の条件の明確化、移転可能な場合の厳格審査とその情報公開をおこない、①紛争当事国などに該当しない、②我が国の安全保障に資すると判断できる、③目的外使用や第三国移転をしないと相手国が約束した場合に武器の輸出、国際共同開発に参加できるとするものである。

これら一連の動きは、海上警察力というソフトパワーの政策的有効性を示すもので、「国力」の一つと認識されつつあることを示している。

【参考】武器輸出三原則

1967(昭和42)年、佐藤内閣(当時)が表明した政策で、①共産諸国、②国連決議で武器輸出が禁止されている国、③国際紛争の当事国やその恐れのある国、への武器輸出を禁止する政策である。武器関連の定義も厳しく、防弾ガラスを装備した車両、防弾チョッキ、底部に装甲がほどこされた四輪駆動車なども武器とされた。

（3）海上警察力を通じた国際協力

国力の一部である海上警察力にもとづく国際協力の構築は、国際紛争防止にもつながる政策で、日本は積極的に各国へ連携を呼びかけている。

海洋東アジアにおいては、２０００(平成12)年4月、日本が提唱して東京で開催された「海賊対策国際会議」以降、「北太平洋海上保安フォーラム」(長官級会合、日本・米国・カナダ・ロシア・中国・韓国)、「アジア海上保安機関長官級会合」(日本・中国・韓国・香港・インド・スリランカ・バングラデシュ・ＡＳＥＡＮ10ヵ国)が開催され、海洋問題に関する情報交換、共同パトロール・訓練、人材育成などの連携・協力を図っている。その他の海域でも、「北大西洋海上保安フォーラム」(米国・カナダ・ロシア・イギリス・スウェーデン・ノルウェー・オランダ・ドイツ・デンマークなど18ヵ国)、さらには「南太平洋海上保安フォーラム」が開催されるなど、日本(海上保安庁)が提唱した国際会議がモデルとなり、拡大している。

また、２０１１(平成23)年4月から約1年間、海上保安大学校(広島県呉市)において、同大学校をアジア海上保安人材育成の拠点とするというコンセプトで「アジア海域の安全確保・環境保全のための海上保安能力向上プログラム」を開講し、フィリピン・インドネシア・マレーシア(計7名)、日本(2名)が参加した。同プログラムは終了しているが、２０１５(平成27)年10月、海上保安大学校にアジア諸国の海上保安機関の若手幹部職員を対象とした1年間の大学院修士コース「海上保安政策課程」が開講された。同課程は、海洋の安全確保と秩序の強化などを目的に、海上保安庁と政策研究大学院大学、ＪＩ

ＣＡ、日本財団が協力する人材育成事業「海上保安政策プログラム」であり、関係国の連携の強化、認識の共有化を図り、国際的ネットワークの確立をめざしている。

（４）国際司法外交力

海上警察力のパワーアップとともに期待されているのが、国際司法外交力のパワーアップである。これは、紛争の解決を国際司法である国際海洋法裁判所、国際司法裁判所、仲裁裁判所に委ねる法廷闘争で、一見消極的と思われがちである。しかし、国際裁判における法廷闘争はソフトパワーによる国際バトルであり、国際社会における法の支配（国連海洋法条約にもとづく紛争の解決など）の重要性を訴え、東アジアにおける海洋安全保障と海洋法秩序を確立するために必要なパワーであることはまちがいない。海上警察力と国際司法外交力をもって、海洋東アジアの海洋安全保障などに貢献することを国家戦略に掲げ、国際的発言力を高め、日本の「国力」をアップさせる、最も現実的戦略であると考える。

このため海上保安大学校の学生は、国際司法外交力を高める目的で「国際法模擬裁判」大会に参加して、国際法の解釈・適用とその弁論能力の習得に努めている。この大会は、大学で国際法を学ぶ学生が参加し、国際司法裁判所を模した法廷でおこなう。二国家間で発生した架空の紛争事案について、各大学のチームが原告と被告に分かれ、国家の代理人として国際法を駆使して法廷論争をおこなう実践的模擬裁判である。模擬裁判の裁判官は国際法学者が務め、その解釈の妥当性、法理論の構成などの評価に参加している。

このような経験を経て、海上保安官は現場海域において、国際法にもとづく法執行を通じて国際的発言力を高め、法による海洋秩序を実現しているが、真に国際法が支配する海洋社会を構築するためには、さらに国際司法外交力を強化する取り組みが必要である。

このことについては、前著『海上保安庁進化論――海洋国家日本のポリスシーパワー』のエピローグでも、次のように述べた。

数年前に、国際海洋法裁判所元判事である山本草二先生にお会いする機会があり、最近の日本周辺海域での事件、事故における関係隣接国の海上保安機関の事案対応振りについてお話をさせていただいた。（中略）日本の海上保安庁の現場勢力にくらべると、国連海洋法条約の知識、理解の程度に差異があり、国連海洋法条約という国際条約は、まだ国際法にはなっていない発展途上の法律ではないか？とお尋ねした。山本先生はこの質問に対し、「この国際条約を北東アジア、東南アジア海域において、国際法に成らしめるのは、海洋国家を自負する日本国の責務であり、その最前線を担っている海上保安庁、海上保安官の仕事です。この海洋法条約を前面にかざして隣接諸国と対応し、各国を海洋法条約の土俵の上に引っ張り込み、この条約を実効ある国際法にしなければなりません」と言われ、国際条約とは本来そのような日常的努力の積み重ねにより、国際法として定着していくものであると、改めて思った次第である。

改めて、海上保安庁と海上保安官の日常的、かつ重要な役割と再認識のうえ、今後ともその活動が発展することを期待したい。

【コラム】灯台１５０年

海上保安庁は創設以来、灯台の管理・運用をおこなっている。日本は２０１８（平成30）年に、西洋灯台設置１５０年を迎えた。

◆日本の近代的灯台のはじまり

沖合を航行する船が目的の港に入港する際には、目印が必要である。特に夜間には、目印はなくてはならないものである。日本にも昔からその目印が港の出入口にあった。全国の中小の港に史跡として残る燈籠型の灯明台・常夜灯などがそれで、現在運用されている近代的灯台は、明治維新以降に建設されたものである。

日本が開国したのは明治維新以前の１８５４年であり、近代灯台建設のきっかけも、欧米列強の軍艦の砲艦外交による開国要求であった。日本近海は暗礁が多く、世界有数の海の難所であるが、港には光達距離（光の届く距離）の短い灯明台・常夜灯しかなく、灯台の体系的整備はおこなわれていなかった。このため、開港を要求する諸外国から「ダークシー」と呼ばれ、恐れられていた。

１８６６年5月にアメリカ、イギリス、フランス、オランダの4ヵ国と結んだ租税条約（江戸条約）により、観音埼灯台（横須賀市）、野島埼灯台（千葉県南房総市）、樫野埼（かしのさき）灯台（串本町）、神子元島（みこもとじま）灯台（下田市）、剱埼（つるぎさき）灯台（神奈川県三浦市）、伊王島（いおうじま）灯台（長崎市沖）、佐多岬（さたみさき）灯台（鹿児島県大隅町)、潮岬灯台(串本町)の8ヵ所、また1867年4月にイギリスと結んだ大阪約定(大阪条約)により、江埼灯台(淡路・野島)、六連島灯台(関門海峡)、部埼灯台(関門海峡)、友が島水道)、和田岬灯台(神戸港)の5ヵ所の灯台をそれぞれ整備することが決まった。これらを総称して条約灯台という。

当時、日本には西洋式灯台を建設する技術がなかったので、明治維新政府は海外から専門技師を招請して近代的灯台を建設することにした。国際的に交易などをおこなう場合、灯台は必要不可欠な施設であったわけである。これ以降、灯台は公共事業として公的予算で整備されている。

◆現代においても重要な灯台の役割

私が奄美群島周辺海域を管轄する名瀬海上保安部(現、奄美海上保安部)に勤務していた頃(1995年4月~1997年3月)、管轄するトカラ列島と奄美群島に設置されたいくつかの灯台が、設置100周年を迎えた。私は、なぜ周辺海域の複数の灯台がこの時期に設置100周年を迎えたのか、興味をもった。調べたところ、日清戦争の結果結ばれた下関条約により、清国から台湾を割譲されたのが1895(明治28)年4月で、私が同保安部に勤務をはじめた年が、台湾統治からちょうど100年にあたることがわかった。

では、なぜ台湾統治のために、この周辺海域に複数の灯台を設置する必要があったのか? そこには航路標識としての灯台の重要性と、海上ルートの支配(占有、維持、管理)の重要性がある。

当時、船舶の航行は、地文航法(陸上の目印を確認して、船の位置を把握し、針路を決定する操船法）と天文航法（星や太陽を観測して、船の位置を把握し、針路を決定する操船法）が主流だった。そのため、夜間と荒天の日は、船舶の現在位置の確認が困難で、物資や人の計画的運行が困難だった。これを解決するため政府は、夜間や荒天でも明るい光を放つ灯台を設置したのである。その際、海外（イギリス）から専門技師を招請して、灯台を建設した事実を考えれば、当時の灯台の重要性とその役割が理解できるだろう。

当時、台湾を統治する基盤的ツールとして、常時確実かつ安全に大量・多様の物資と人などの運搬需要を確保するために、日本と台湾の間の海上交通路を支配（占有、維持、管理）することの重要性が見えてくる。なお、１００周年を迎えた灯台の一つに、奄美大島南西部に位置する曾津高崎（そっこうざき）灯台があった。この灯台には、米国戦闘機による機銃射撃痕が多数残っていた。日本と台湾間の物資などの海上輸送ルート上の灯台であり、射撃痕は海上輸送ルートの破壊作戦の痕跡であり、海上ルート支配の重要性を逆説的に理解できる痕跡でもある。

現在では、技術革新などにより、船舶の操船方法は電波航法（レーダー、ＧＰＳ衛星などによる操船法）が一般的となり、灯台の役割は限定的なものとなっているが、衛星などの電波系の施設がダメージを受けた際、そのバックアップ機能として灯台など地上系の航路標識による操船にならざるをえない。灯台の役割はまだ存在しているのである。

第2章

海洋東アジアの現在

1．海洋国家の国益が交錯する最前線

（1）激動期に入った海洋東アジア

近代の東アジアの歴史を振り返ってみると、18世紀半ばから欧米列強による植民地化が進み、イギリスがインドを植民地化したのを皮切りに、フランスがインドシナを、オランダがインドネシアを、スペインがフィリピンを植民地化した。さらに日清戦争（1894－95年）後は、清国に対してもイギリス、ドイツ、フランス、アメリカ、ロシアが露骨な権益獲得に動いた。このように東アジア全体が欧米列強の帝国主義にのみこまれていた時代、日本も存亡の危機にあったが、日露戦争（1904－05年）に勝利することにより、辛うじて欧米列強の植民地になることを免れた。また、第二次世界大戦で、日本は敗戦国となり、戦勝国である連合軍（アメリカ）に占領統治されたが、植民地であった東南アジア諸国は、独立戦争に勝利して独立を果たした。

1968（昭和43）年、日本、台湾、韓国の海洋専門家が中心となって、国連アジア極東経済委員会の協力を得て、東シナ海海底の学術調査をおこなった。その結果、東シナ海の大陸棚には豊富な石油資源が埋蔵されている可能性があることが指摘され、これを契機に同地域の海洋に関する近隣諸国の意識は一変した。海洋には海底エネルギー資源など、手つかずの海洋資源権益が残っていることが判明したためで、この資源をめぐって近隣諸国どうしの思惑が交錯し、海洋資源権益争奪の時代となっている。

このような激動期に入る要因として、1991(平成2)年のソ連崩壊による米ソ冷戦の終結があげられる。冷戦終結により、東西のイデオロギー的対立から解放され、経済競争社会が出現したことで、自由貿易による経済的相互依存体制が成立し、グローバルな情報ネットワークが構築された。国際金融もそのネットワークに乗り、世界の経済社会は急速にグローバル化された。加えて、冷戦時代には鎖国状態だった旧東欧諸国や「改革開放政策」に踏み切った中国、経済成長を遂げるインドシナ諸国が世界経済の一員となったことで、これらの国に工場を建設して、人件費の安い労働者を雇用することが可能となった。今や旧東欧諸国や中国に限らず、ASEAN(東南アジア諸国連合)諸国、バングラデシュなどにも先進国の工場が進出し、海洋東アジア地域は「世界の経済成長のエンジン」と呼ばれるまでに発展している。

しかし、冷戦終結により、各国または各民族がそれぞれの国益や主体性などを主張し、領土、資源、民族、宗教など国家・民族間に横たわる古典的な問題に起因する紛争が多発するようになったことは否めない。また、それにともない海洋においても、沿岸国の海域管理権の拡大や海洋資源の確保の動きが活発化し、隣接国との利害関係に影響を与え、外交問題となることが頻発している。

(2) 中国の海洋進出と日本

20世紀後半、長い年月をかけて、国連において、人類共有の財産である海洋の利用とその紛争処理などが討議されてきた。そして、1982(昭和57)年4月に「国連海洋法条約」が採択され、1994

(平成6)年に発効した。この国連海洋法条約により、それまでの「海洋自由の原則」が「海洋管理の原則」に変わった。さらに、1992(平成4)年のリオデジャネイロ地球サミットで採択された「環境と開発」宣言と「持続可能な開発のための行動計画アジェンダ21」により、海洋を人類共有財産として総合的に管理する方向に大きくシフトした。具体的には、海洋航行の自由の確保、沿岸国の海域管理の拡大、人類の共同財産としての深海底制度、海洋環境の保護・保全、海洋の科学的調査、海洋技術の発展と移転、紛争の解決などのルールなどが発効・採択された。

東アジア諸国も経済・金融活動をグローバル化させ、国内経済を活性化させ、さらに国家戦略として海洋に重点を置きはじめている。

日本は1996(平成8)年6月に国連海洋法条約を批准し、同年7月20日に発効した。以降、同条約にもとづく紛争の解決手段としての国際海洋法裁判所が機能しはじめた。また国家間は相互依存などグローバル化が進み、人類の共存共栄が望まれている現在、海洋の平和と秩序を維持するシーパワーが必要とされており、海上警察力が海洋国家におけるシーパワーの基本になりつつあると感じている。

現在、東シナ海の尖閣諸島(魚釣島など)の国有化問題に端を発して、中国海警局警備船(船体表示「中国海警」)などと海上保安庁巡視船が魚釣島周辺海域で日常的に対峙しており、日本の海洋国家戦略の最前線になっている。

中国の海洋執行機関は、公安部辺防管理局沿岸警備部隊(海警)、農業水産部の漁業監督部隊(漁政)、海関(税関)総署の海上密輸取締警察部隊(海関)、国家海洋局の中国海洋監視部隊(海監)から構成されていたが、現在の中国海警局は、行政管理機能強化と沿岸監視から外洋監視・執行能力強化などを目的として、２０１３(平成25)年7月に発足した組織である。

法令では、中国海警局は国防に関わる任務規定はないとされており、中国も海軍力から海上警察力に移行している。これは、現状においては海軍力を進出させることは国益にそぐわない、と判断しての措置ではないかと思われる。中国のこうした姿勢の変化は、１９８９(平成元)年の天安門事件において人民解放軍による措置が国際的に非難され、各国の経済制裁により経済的な負担を強いられたことで、軍事力行使による問題解決は国益にそぐわないと判断したためと思われる。

海洋東アジアの国々は近年急成長をつづけ、特に世界の工場といわれる中国の経済成長は目を見張るものがある。伝統的大陸国家である中国は、その経済力を背景に海洋にも積極的に進出し、「海洋強国」をスローガンに顕著な行動に出てきている。とくに、「尖閣が完全に日本の手に落ちれば、中国の海洋戦略は急所を突かれるに等しい」との中央党校国際戦略研究所副所長の談話があるように、尖閣諸島周辺海域は中国にとっても海洋戦略の最前線である。

今、日本は中国の海洋進出によって、防衛・外交をアメリカに依存するという戦後日本の政策の前提が壊れはじめており、日本の海洋国家戦略が試されている。東シナ海における日中間の海洋をめぐる紛争を、今よりエスカレートさせることなく、相互に現場勢力の範囲内に制御しながら、海上警察力・国際世論における発信力・国際司法外交力などを最大限に駆使して、多国間協議のもと、国際法にもとづき問題解決をはかることが現実的対応政策であると考える。

2. 海洋東アジアの中の海上警察力

(1) 海賊対策の協力体制

海洋東アジア諸国の海洋権益をめぐる対立が激しくなる中、旧宗主国であった中国は、中華人民共和国建国以降、朝貢外交を基調とする東アジア秩序を再興しようとして海洋支配に乗り出しているように思える。しかし、中国大陸から海洋東アジアへ張り出してくる圧力は、ハードパワーを背景にしてはいるが、戦時ではないため、非軍事パワー(海上警察力と国際司法外交力)によるパワーゲームとなる。

具体的には、国連海洋法条約などの国際法にもとづく海上警察機関による法執行、違反認知の際の適法手続き措置、疑義がある場合の国際司法裁判所・国際海洋法裁判所・仲裁裁判所への提訴などの法廷闘争、あるいはエネルギー資源の輸出制限による威圧的経済外交に対するＷＴＯ(世界貿易機関)への国際貿易紛争処理要請など、国際社会世論などを背景としたものである。日常生活の中で法秩序を維持するためには、警察機関や裁判所など紛争処理システムが必要不可欠で、それは陸上だけでなく海上においても同様である。

また、海洋東アジアでは、海賊に対する各国の海上警察力による協力体制が進んでいる。インドネシア海域で発生したアロンドラ・レインボウ号事件(１９９９年10月、パナマ籍貨物船ハイジャック事件)や、マラッカ・シンガポール海峡で起きた「韋駄天」号事件(２００５年３月、日本籍タグボート襲撃事件)などがその例である。

これらの海域は日本の海運にとって重要なシーレーンであり、海上保安庁は２０００(平成12)年から巡視船・航空機を東南アジア海域に派遣、東南アジア関係国の海上警察機関との情報交換のほか、海賊対策連携訓練などを実施し、関係機関の法執行能力の向上のための支援を開始した。この海賊対策を強力に推進するためには関係国間の連携が不可欠との認識のもと、２０００(平成12)年4月に東京で「海賊対策国際会議」を開催している。

これらを契機に、海上保安庁は、２００１(平成13)年から海賊対策だけでなく、密輸・密航対策を含めた国際組織犯罪全般に関する東南アジア海域関係国の海上警察機関の取締り能力向上を図るため、海上警察機関の職員を日本に招聘し、「海上犯罪取締研修」を実施している。加えて、同年4月からは、海上保安大学校(広島県呉市)に、東南アジア諸国(タイ、インドネシア、ベトナム、フィリピン、マレーシア)の海上警察機関の幹部職員留学生を受け入れ、教育訓練をはじめている。また、関係国の中には海上警察力を海軍が所掌している国や、海上警察機関を設置していない国もあったため、２００２(平成14)年からは、関係国における海上警察機関の設立と体制強化を支援する活動にも着手している。

これら海上保安庁の東南アジア海域関係国に対する働きかけなどにより、海上警察力の重要性の理解が進み、現在では多くの国々に海上警察機関が設立され、活動がはじまっている。

韓国＝海洋警備安全本部(１９５３年海洋警察隊設立、２０１４年組織改変)
フィリピン＝沿岸警備隊(１９６７年設立、１９９８年海軍から分離)
台湾＝海岸巡防署(２０００年設立)
マレーシア＝海上法令執行庁(２００５年設立)

中国＝海警局（2013年設立）
ベトナム＝海上警察（1998年海軍下部組織として設立、2013年海軍から分離）
インドネシア＝海上保安機構（2006年海上保安調整会議設立、2014年組織改変）
また、前記のとおり海上警察力はODA（政府開発援助）の分野にも拡大し、インドネシアへの巡視船3隻無償供与、フィリピン、マレーシア、ベトナム3ヵ国への巡視船供与などを通じて、東南アジア諸国の海上警察力に強化への支援がつづけられている。
ほかにも、オセアニア（大洋州＝オーストラリア、ニュージーランドを含む南太平洋島嶼国家の総称）の一部であるパラオ、ミクロネシア連邦、マーシャル諸島（以下「ミクロネシア3国」という）に対する支援活動がある。これは2008（平成20）年以降、公益財団法人日本財団、同笹川平和財団の主導により、海上保安庁をはじめ、アメリカ、オーストラリアの海上警察機関などの協力のもと推進されてきた民間支援事業である。その具体的実施機関は、国土交通省所管で海上保安庁とも協働する「公益社団法人日本海難防止協会」である。
ミクロネシア3国は広大な排他的経済水域（EEZ）をもつが、この海域を適切に管理するための海上警察能力がきわめて脆弱である。支援の内容は、高速巡視艇、通信設備・非常用発電機、船舶燃料・船舶備品などの供与、船舶運航要員の訓練などで、2012（平成24）年には引渡し式がおこなわれた。
ミクロネシア3国の中で中国と国交があり、中国大使館が設置されているのはミクロネシア連邦だけである。パラオ、マーシャル諸島は台湾と外交関係を結んでいるが、最近、その2国に対しても、中国民間企業から港湾インフラ整備と資源開発の大型投資に関して水面下の働きかけがなされているという噂を耳にする。

中国の海洋防衛線に「第2列島線」(詳細は次章)がある。これは、伊豆諸島を起点にサイパン、グアム、ヤップ、パラオ、ミクロネシアの島々を縦断し、パプアニューギニアに至るラインである。この防衛線は西側の南太平洋を意識しており、中国の海洋戦略上、「第1列島線」内側海域である東シナ海、南シナ海につづいて影響力を拡大しようとする、その外周の海域である。この海域の大陸棚は日本の沖ノ鳥島にも隣接しており、日米安全保障条約上、南太平洋島嶼国をめぐる海洋政策としては留意すべき動きである。

(2) インド洋へも拡大

前述したアロンドラ・レインボウ号事件とは、1999(平成11)年10月にインドネシアのスマトラ島の港を出港した同船が、海賊の襲撃を受け、船体ごと奪取され、全乗組員が海上に放出された事件である。その後、乗組員はタイの漁船に救助され、船はインド南方沖合を航行中、インドコーストガード巡視船に発見され、巡視船の停船命令と威嚇射撃により、海賊は拿捕・逮捕された。アルミインゴット約7000トンを搭載したアロンドラ・レインボウ号はパナマ船籍をもつ日本の便宜置籍船であり、運航者は日本の海運会社で、船長と機関長は日本人、乗組員15名はフィリピン人だった。

海上保安庁はインドコーストガードに捜査協力を要請し、被疑者の取り調べ、アロンドラ・レインボウ号の実況見分のため、海上保安官をインドに派遣した。インドコーストガードと海上保安庁とは、1987(昭和62)年の大型巡視船「ちくぜん」、1989(平成元)年の航路標識測定船「つしま」のインド親善訪問をはじめ、海上警察機関どうしの情報交換などを通して良好な関係を築いてきた実績があったため、同事件に関する円滑な捜査協力が実現した。そして、国外における日本国民に対する傷害、逮捕・監禁事件として、「刑法３条の２」により日本人以外にも刑法が適用された。

この事件を契機に海上保安庁は、海賊問題に対して、東南アジア関係諸国の海上警察機関との連携強化と支援政策を推進することにした。２０００(平成12)年４月に東京で開催した「海賊対策国際会議」には、インドコーストガード長官も出席し、海上保安庁長官を表敬訪問した。

同年11月には、大型巡視船「しきしま」がインドを親善訪問し、海上保安庁長官はインドコーストガード長官と会談、両機関の定期的交流(長官級会合開催、巡視船の相互訪問、合同訓練など)の実施が合意された。２０１６(平成28)年1月にはデリーで15回目の会合が開催されている。

インド洋は、日本にとって中東のエネルギー資源やＥＵの貿易物資などの重要な輸送ルート上にある。日本へ向かう船舶はインド洋を通航し、マラッカ海峡、南シナ海、東

【参考】便宜置籍船とは？

船舶にも人と同様に国籍がある。船舶には船舶設備制度、乗船船員制度、船舶登録税をはじめとする税金制度など、船籍国の法律が適用される。制度は国によって違いがあり、世界の海運国でより有利な制度(条件)の国に便宜的に船籍を移す動きが活発になった。海運コスト削減のため、節税、人件費抑制、船舶に対するさまざまな規制の回避などのために、実際の船舶オーナー(船主)の国ではない国に船籍を置いている船舶を便宜置籍船という。パナマ、リベリアなどでは、船舶管理に関する規制が日本ほど厳しくなく、特別の条件なしに船舶の登録ができるので、これらの国に船籍登録された日本人オーナーの外航船舶が多数ある。

シナ海を経由して日本に至る。日本の安全保障にとってなくてはならない重要なシーレーンである。中国も、中東やアフリカからのエネルギー資源の輸送の安全を確保するため、インド洋沿岸部に補給・整備などができる港湾施設を確保しようと、沿岸諸国に働きかけを強めている。各港湾を結ぶと、その形が真珠の首飾りのように見えることから「インド洋の真珠の首飾り」構想と呼ばれている。中国商船はもとより、外洋海軍勢力も紅海での海賊対策に従事（海上自衛隊護衛艦・海上保安官も）するとともに、インド洋沿岸国の港湾に寄港するなど活動を活発化しており、中国の海軍戦略上も重要な海域となっている。

以上のような経緯と現状があり、海上警察力の連携はインド洋にまで拡大している。

第3章

韓国・北朝鮮・中国の海洋戦略的動向

1. 揺れ動く海洋国家戦略——韓国

(1) 国家戦略を海洋に切りかえた

ユーラシア大陸東端の朝鮮半島に位置する韓国と北朝鮮は、半島国家の典型である。半島国家は常に大陸側に巨大国家が誕生する可能性があり、侵攻されたときに逃げ場がないうえ、海からは海洋国家の侵攻の危険にもさらされている。そのため、半島国家が生き残る国家戦略は、強大国に黙従的な姿勢をとるか、または中立的な姿勢をとるしかない、と言われてきた。歴史的に見ても、中国・ロシアなどの大陸国家と日本・アメリカなどの海洋国家の権益が交錯し、その脅威にさらされてきた。

朝鮮戦争(1950年6月~1953年7月)後は、北緯38度の軍事境界線で北朝鮮と韓国に分断され、現在まで朝鮮半島の再統一は実現していない。そのため韓国は、大陸に通じる北側に北朝鮮が存在するかぎり、地政学的には海洋国家と同じ国家運営をせざるをえない。朝鮮半島分断後は、国連軍(主に在韓米軍)の軍事的管理体制のもと、北朝鮮軍に対する軍事力を強化し、反共体制のもと、経済政策と国内政治を推進してきた。1961年の軍事クーデターにより政権を奪取した朴正煕大統領時代に日韓基本条約を締結し、日本との国交を回復し、無償・有償援助(5億ドル)、民間借款(3億ドル)をもとに経済政策を躍進させ、「漢江の奇跡」と称される経済成長をなしとげた。

朴大統領暗殺後も、全斗煥大統領、盧泰愚大統領と軍部出身者が大統領に就き、盧大統領時代にはソウルオリンピックを開催した。その後、民主化運動の激化、大統領直接選挙の実施などを経て、韓国の資本主義経済は離陸し、軍事政権から民主政権へと移行した。以後、経済成長をつづけ、貿易立国として成長し、現在ではＧＤＰの約40％を貿易で稼ぐまでに急成長。この間、国土海洋省設置などを含めた国家行政組織改革を進め、国家戦略を海洋国家戦略に切り替えた。その後、港湾などインフラの整備、海運業の振興、海事教育の充実、さらには、これらの海運活動を支える海軍力・海上警察力の充実などを推進。その結果、２０１３年の統計によれば、名目ＧＤＰは約1兆２７００億ドル（日本約4兆９０００億ドル）に、1人あたりＧＤＰは約2万５２００ドル（日本約4万６８００ドル）に急成長している。

また、１９７８年に供用を開始した韓国初の釜山港コンテナターミナルは、以後段階的に整備され、２０１５年時点では、年間約１９４７トンＴＥＵ以上のコンテナ物流を処理する世界第6位のコンテナ港となり、世界１００ヵ国５００港と連結する国際物流ハブ港となった。

さらに、２００１年に開港した仁川国際空港は、大韓航空とアシアナ航空のハブ空港で、３７５０ｍ2本と４０００ｍ1本の滑走路が現在供用中で、最終的には4～5本の滑走路を整備する計画がある。現在、日本、中国、東南アジア、北米、ロシア、ヨーロッパ、中東などの航空会社国際路線の航空機が就航しており、北東アジアの国際ハブ空港に成長している。

（2）海洋勢力増強

韓国はここ30～40年の経済発展により、貿易に大きく依存する体質になったことはすでに述べた。朝鮮半島が軍事境界線で分断されている以上、貿易は海運によらざるをえない。したがって、韓国内での経済活動を安定的に発展させ、国家運営をおこなうには、海洋をいかに障害なく、有効活用するかが重要になる。それには、海洋関連施設の整備のほか、海洋警察力や海軍力を充実させ、沿岸から外洋に至る海域での船舶の安全と海洋秩序を維持する能力を、国際的協力関係を含めて強化することが必要になる。

そのため、韓国海軍はアジア最大級の揚陸艦2隻、７６００トン級イージス駆逐艦6隻、５０００トン級駆逐艦12隻、１８００トン級潜水艦18隻などを建造する計画を進めている。これらで編成される艦隊は、外洋海軍をめざす韓国海軍の戦略機動艦隊であり、すでに南部の鎮海には一部の外洋艦船が配備されている。さらに約20艦艇を収容できる海軍基地を済州島東南部に建設するなど、精力的に海軍の増強を進め、２０１６年２月に軍民複合港として完成した。この港は、民間クルーズ船の寄港地、済州島観光の拠点としても活用する計画である。

韓国海軍は、北朝鮮海軍を攻撃・撃退するために、従来の沿岸哨戒型海軍を維持するとともに、東シナ海、南シナ海、マラッカ・シンガポール海峡に至る公海での作戦を可能とする外洋海軍への変革を着々と進めている。海賊対策として艦艇をアデン湾まで派遣したことは、外洋海軍による韓国商船隊の防護活動であるとともに、韓国が海洋国家に変貌したことをアピールする狙いもあったと考える。

なお、済州島の海軍基地は今後、日本、韓国、そしてアメリカ（在日米軍）および中国も含めた東アジアの軍事バランスに大きな影響をおよぼす基地になる。すでに中国サイドはこの基地の詳細情報を求め、中国海軍艦船の寄港を打診している。

海上警察力である韓国海洋警察庁の組織整備も、海洋国家戦略にもとづいて進められている。海洋警察庁は、朝鮮戦争休戦後、内務省治安局所属の海洋警察隊として、職員139名、小型警備船6隻の体制でスタートした。1991年に内部組織を拡充して「海洋警察庁」に名称を変更、1996年国家組織改編により新設された海洋水産省(当時)の外局として独立した行政組織に改組され、陸上警察組織である警察庁から分離された。2008年にはさらに国家組織に改編された国土海洋省(当時)の所属となり、職員数は1万人を超え、1000トン以上の大型警備船20数隻を含む警備船艇約300隻、航空機約20機をもつ、世界的にも大きな海上警察組織に成長している。

海洋警察庁は、2014年4月に発生した旅客船セウォル号沈没事故の初動対応・事故処理の問題で、乗客家族などを中心に国民の非難を浴び、政治問題に発展する事態となった。朴槿恵大統領(当時)は初動対応などの不手際を認め、海洋警察庁の解体を発表した。しかし、2017年5月10日、朴大統領罷免に伴う大統領選挙で、当時野党勢力の文在寅氏が当選、大統領に就任した。文政権は同年7月20日、国会で政府組織法の改正案を可決し、3年ぶりに海洋警察庁を海洋水産省の外局として復活させた。

(3) 社会に浸透する左翼勢力

ソ連の崩壊による東西冷戦の終結により、中国、ロシアをはじめとする旧東側国家との貿易が増加した韓国は、自身の経済発展と世界経済のグローバル化の波に乗り、経済を大きく伸長させた。また、中国、ロシアなどと国交を樹立したことにより、貿易シェアは、2000年頃まではアメリカ約20%、日本約15%、中国約10%だったものが、2010年以降は中国がトップになり、現在では約25%を占めるまでになっている。この結果、アメリカと日本はそれぞれ10％程度にまでシェアを低下させている。

冷戦終結後、韓国は反共政策が甘くなったと言われている。冷戦が終われば北朝鮮は自然崩壊し、反共政策は必要ないと考えたようである。この背景には、冷戦終結に伴う南北代理対立の構図の消滅と同時に、朝鮮半島の血族的ナショナリズムが、韓国民、特に左翼勢力(従北勢力)に急速に高まったことが考えられる。

ソウルオリンピックを開催し、それを成功させた自信とともに、経済のグローバル化と国民所得向上による政治環境の変化を背景に、韓国民は軍事政権を忌避して、文民政治家、市民運動家、労働者救済活動家を大統領に選んだ。金泳三、金大中、盧武鉉である。金大中、盧両政権は親北政権と言われ、「太陽政策」に象徴されるような親北政策を打ち出した。東西ドイツ統一の実現を目のあたりにして、同族民族国家として接すれば理解しあえるものと考え、南北統一を目標に掲げたのではないだろうか。

親北政権である両大統領時代には、大統領府(青瓦台)と軍、警察、司法、行政の国家主要組織に左翼思想をもった人物を配置した、と言われている。古田博司氏(筑波大学大学院人文社会学科教授)は、盧大統領の秘書室(日本では内閣官房)に、国家保安法違反で逮捕歴のある民衆民主民族統一闘争委員会の極左過激派が配置され、与党ウリ党の議長も国家保安歩違反で逮捕歴のある極左過激派だった、その他の国家組織にも多数の左翼勢力が浸透していた、と指摘している。また、盧大統領は首都移転計画を発表し、その理由を「支配層を変えるため」と語ったという。「支配層を変える」とは、「まさに革命そのものである」と言う専門家もいる。

太陽政策などにより、政界や国民の北朝鮮に対するイメージと政治意識は、少しずつ変化してきた。

さらに、反共政策の緩和などを唱える386世代（1960年代生まれ、1980年代に大学生で学生運動に参加、民主化運動の闘士であり、国家保安法違反で服役した経験をもつ、1990年代に30歳代）と呼ばれる若者の台頭で、社会主義や社会民主主義を提唱する進歩政党が認知された。労働組合が主体となって2000年に結成された民主労働党が国会院内に進出し、以後、離散合流しながら2014年には、統合進歩党（当時）として院内に議席を確保し、国内では「朝鮮労働党の第2中隊」と揶揄されていた。

従北勢力は、政界だけでなく、法曹界、メディア界にも浸透している。その事例として、韓国憲法が禁止している「遡及法」を成立させ、過去に「民主化運動（反政府運動）」をして国家保安法違反をした者の名誉を回復させたり、戦時徴用に関して新日鉄住金などの日本企業に対する個人賠償の請求を認める判決を出すなどがある。

（4）保守政権の対日強硬姿勢

金、盧時代に左翼勢力を伸長させたが、2007年末の大統領選挙でハンナラ党の李明博（イミョンバク）が当選し、保守政党が政権奪取に成功した。つづく2012年末の大統領選挙でも、セヌリ党（保守政党）の朴槿恵（パククネ）が大統領に選ばれた。

李、朴両保守政権は、日本に対して強硬な外交姿勢を示した。それは、それまでの保守政権にはない外交姿勢であり、異質なものが感じられた。その背景には、何があったのだろうか。

それまでの韓国政府は、経済的にも政治的にも日本の支援を必要としていたが、「漢江の奇跡」により急激な経済成長を遂げ、冷戦終結により経済はさらに発展し、安全保障上の脅威は大きく減少した。中国、ソ連（当時）などと国交を回復、ソウルオリンピック開催（１９８８年）、大田（テジョン）（中央部の都市）万博開催（２００８年）、麗水（ヨス）国際博覧会（２０１２年）開催、さらに、90年代後半には先進国クラブであるＯＥＣＤにも加入し、国民一人あたりＧＤＰも2万米ドルを超え、日本のＧＤＰとの格差は縮小した。

韓国の強硬姿勢は、日本はもはや経済的依存国ではなく、競争相手国であるという、自信の外交姿勢ではないだろうか。さらに、当時の日本経済はデフレ、円高と輸出製品の競争力低下で苦しんでおり、内閣総理大臣のたびかさなる交代、自民党から民主党への政権交代など政治的にも不安定だった。この状態が継続すれば、日本を追い越すのも時間の問題であると考えた、それらの現状認識が日本への対抗心、反感をさらに増幅した、と私は考える。

(5) 朴槿恵政権の政策と、不在の海洋戦略

朴槿恵政権の政策方針は、次の4点に集約されていた。

①国家は道徳的（儒教的）に正しくなければならない。
②中国、アメリカの両国には等距離外交とする。
③国家安全保障以外の外交と経済関係は中国重視とする。
④米韓安全保障は対北朝鮮が主であり、その他の第3国に及ぼすべきではない。

この政策方針には、海洋国家としての戦略が全く言及されていない。

朴大統領は就任以来、日本に「正しい歴史認識をもち、歴史を直視せよ」と強調してきた。これは、

日本の植民地支配による受難と抵抗、独立運動による解放を描く歴史教育などを通じて韓国民に広く流布されてきた韓国現在史観である。「日本は加害者、韓国は被害者。その被害を克服して、独力で今の大韓民国を再生した」という歴史観である。

この歴史観は中国の歴史観に強く影響を受け、古代から近代にわたる長い期間、綿々と受け継がれている。

中国の歴史観は「天命を拝受した天子(超越的君主)が統治する」という司馬遷の歴史思想が前提となっている。「易姓革命」(武力による王朝交代)をくりかえす中国歴代王朝は、「天下を治める者は、その時代に最も徳がある人物がふさわしく、天が徳を失った王朝に見切りをつけたとき、革命が起きる」という伝統的な政治思想をもっている。天・徳といった言葉が使われているが、実のところは新王朝が歴史編纂などで歴代王朝の正当な後継であることを強調する一方で、前王朝とその末代皇帝の不徳と悪逆を強調する。その正統性を得るための理論として機能したのが、易姓革命思想である。

この思想を下敷きにした朴大統領の歴史認識(＝韓国の歴史教育)から見れば、「徳を失った王朝」は日本であり、「徳を得た王朝」が韓国である。まさしく「正しい歴史認識」とは易姓革命思想にもとづく歴史観で、政権を担った側(韓国政府)が前政権(日本)の不徳と悪逆性を強調し、韓国民に現政権の正統性を納得させるための政治思想的歴史認識であると理解できる。ゆえに、日・韓両国の歴史認識問題は、史料にもとづいて分析・整理し、歴史的事実を究明する歴史学者に任せる、という日本の歴史認識方針とはあいいれない歴史観であり、永遠に交わることのない問題と言わざるをえない。

「国家は道徳的に正しくなければならない」を外交政策のキーワードに置くかぎり、日本との外交関係も同様に一歩も改善・進展することはない。歴史認識問題と外交、安全保障、経済問題は異次元の問題であり、歴史認識問題を現実的政策に優先させることは、現実主義的に対処しなければならない問題にブレーキ効果をもたらし、国益を削ぐだけだと考える。

韓国は1980年代に国家政策方針を海洋国家戦略に切り替え、国内産業、海運、造船、港湾設備、および海軍、海洋警察機関を整備・充実させ、貿易立国政策を発展させた。韓国経済を伸長させた方向性は、おおいに評価できる。

しかし、李明博政権時の2012年6月29日、竹島問題を理由に日韓軍事情報包括保護協定（GSOMIA）締結直前に協定への署名を保留し、同年7月3日には日韓物品役務相互提供協定（ACSA）の協議を中断、翌4日には中国との事実上のACSAを進めていることが確認された。さらに、韓国国防部長官が「済州島海軍基地が完成したら、中国艦船も寄港は可能」と発言するなど、中国の戦略・戦術に完全に取り込まれていた。

朴政権も、外交・安全保障政策において「対中国けん制」を日・米両国に任せ、実利獲得に邁進する姿勢がみられ、北朝鮮問題でも中国とあえて対立する必要はないという認識だったと思われる。米中両国と等距離外交ができる背景には、米中両国間の西太平洋でのパワーゲームがあり、もし中国経済の成長率低下により軍事力増強に影響が出れば、この中立的姿勢も裏目に出る可能性があった。

また、2014年のセウォル号沈没事故に関連して、朴大統領は海洋警察庁の海難事故対応が全く組織機能していなかったとして同庁の解体を発表したが、海洋国家戦略下の海洋警察力の必要性を理解していないとしか思われない。

朴大統領の外交・安全保障政策は、大陸国家中国にあまりにも近づきすぎであり、短絡的な現実主義で政策を動かしたと考える。地政学的に見て、海洋国家戦略から半島国家戦略に逆戻りしたように思える。中国は、米・韓軍事同盟に楔を入れ、韓国を経済関係で取り込むとともに、歴史認識で共同戦線をとっているが、韓国が中国の国益に反する動きをとれば、必ず威圧的経済外交で反撃してくるのは、最近の東南アジア諸国への対応を見れば明らかである。最終的には、中国を仮想敵国とする日・米・韓3ヵ国軍事同盟の結成を阻止することにあるのは自明である。中国のトラップに韓国が陥れば、日本の安全保障に直結する問題となり、おおいに危惧せずにはいられない。

(6) 外交・安全保障政策の失敗

北朝鮮のたび重なる核実験と弾道ミサイル発射の精度の向上は、韓国国防上の大きな脅威であり、現状のミサイル兵器ではその脅威から国土・国民の安全を守ることができないと判断した朴大統領は、北朝鮮の弾道ミサイル対策として、在韓米軍に高高度迎撃ミサイルシステム(THAAD)を配備する決断をした。THAADは敵のミサイルが飛翔してきたとき、高度150キロメートル以内の上空で直接迎撃して撃ち落とすシステムで、北朝鮮が2016年2月に長距離弾道ミサイルの発射実験をしたことに対抗して、中国の強い難色を押し切って、米韓は正式に配備の是非をめぐる協議に入っていた。韓国内では、THAADの実効性や中韓関係の悪化を懸念する声が根強かったが、配備場所など具体的検討が進められた。

このような中、朴大統領の友人、崔順実(チェソウォン)の国政介入疑惑、国家機密漏洩疑惑などが発覚。韓国国会での朴大統領の弾劾訴追案が多数で可決され、大統領権限停止となり、黄教安首相が大統領権限を代行する異常な政治状態となった。

これら朴大統領をめぐる動きは、北朝鮮か中国による政治工作との噂があるが、韓国の国家戦略が半島国家戦略と海洋国家戦略の間で揺れ動いた間隙を狙われたのかもしれない。ＴＨＡＡＤの配備に関して、中国は威圧的経済外交で反撃をおこない、中韓貿易にも影響が出た。

北朝鮮か中国による韓国への政治工作に関して、興味深い事例があるので、概略を記しておきたい。「朴槿恵大統領が、２０１４年5月に国家情報院長南在俊氏と国家安全保障室長金章洙氏を辞任させた」という、ある韓国新聞社の日本語版記事である。

両氏は軍出身であり、安全保障については、米韓同盟堅持、国会と政府内に浸透した従北勢力の摘発など米国との連携重視、北朝鮮と中国の脅威を排除しようとする者であった。韓国政界中枢部および司法界までに北朝鮮勢力の浸透が明らかな中で、精力的に職務を遂行する保守勢力（朴槿恵大統領サイド）の最後のよりどころという存在であった。このため、北朝鮮と中国としては、両氏は排除すべき人物であった。ゆえに、北朝鮮、中国、韓国内の従北勢力が両氏の追い落としを画策した、と韓国の有力言論人（趙甲済氏）は論評した。

このような反政府国内勢力や北朝鮮、中国による政治工作の浸透する政治環境の中で、対中国政策を転換した朴大統領に対する政治スキャンダル事件による大統領弾劾裁判、同職務権限停止を、表層事象だけで判断するのは、あまりにも短絡的ではなかっただろうか。

【コラム】「セウォル号」沈没事故雑感

2014年4月16日に発生したフェリー「セウォル号」沈没事故における韓国海洋警察庁(当時)と海事従事者(船長など)の対応について、私は報道記者から「もし、同様の事故に遭遇したら、どう対応するのか?」と意見を求められたので、以下のように答えた。

①航海中、海上での荷崩れを修正するのはかなり困難。まずはバラストタンクの水を移動または注水して、船体傾斜の復原を試みる。最悪に備え、海洋警察庁に通報するとともに、進路を変更し、水深の浅い海域へ船体を移動することを検討、決断する。

②バラストタンクでの船体傾斜の復原は、あるていど時間を要するので、その間に、船内放送で現状説明のうえ、救命胴衣着用を指示、船体傾斜の大きい舷側の扉など開口部を閉鎖し、脱出準備と乗客の体重移動による船体傾斜修正を兼ね、乗客を反対舷側に移動させるとともに、膨張式救命ボートの放出を指示する。

③以上の措置を乗組員に指示して、船体傾斜復元作業を継続しつつ、転覆に備える。最悪の沈没を防ぐため、最終的には、浅瀬に船体を任意座礁(船長の意思による座礁)させることを決断する。

以上の判断と、必要な指示、決断をする、と説明した。

この事故フェリー船は、日本の海運会社の所属船の姉妹船であり、韓国海運会社に売却され、一部改造されたものである。日本の姉妹船も、セウォル号同様、荷崩れにより船体が傾斜する事態に遭遇したことがあった。このとき船は、私の意見とほぼ同様な措置を実施。最終的には、海岸近くの浅瀬に任意座礁させ、乗客・乗組員は全員、海上保安庁の機動救難士により全員救助された。この海難事故事例を一概に比較考慮することは難しいが、私が考える対応は、日本の海事教育・訓練と船長判断として常識的であると考える。船長が船体や乗客などを放置して脱船する光景は、日本では考えられない。

2. 多面外交に生き残りをかける——北朝鮮

(1) 二股外交

朝鮮戦争の結果、朝鮮半島は北緯38度線で南北に分断され、韓国は、海洋国家として国家戦略を立てて国家経営をおこなってきた。

一方、北朝鮮は半島国家である。半島国家が自国存続を図るための国家戦略としては、強大国に黙従的な姿勢をとるか、中立的な姿勢をとるしかない。北朝鮮は建国以来、共産主義国際社会の中で、中国とソ連を中心にバランス外交を駆使しながら国家運営をおこなってきた。長いあいだ大陸中国の圧力にさらされてきたが、近代以降ロシアが東アジアに進出したことで、新しい地政学的な戦略が可能になった。それは中露両国を天秤にかける「二股外交」である。現代も北朝鮮はこの戦略を最大限に活用している。中国が支援しなければ、北朝鮮はロシアに接近する。その構図はソ連崩壊後も継続している。これは今や共産主義というイデオロギーではなく、半島国家の地政学にもとづく生き残りをかけた国家戦略である。

地政学的にみれば、朝鮮戦争後の東アジアでは大陸国家（中国、ロシア）、海洋国家（日本、アメリカ）、半島国家（韓国、北朝鮮）が朝鮮半島で対峙している。この6ヵ国は北朝鮮の核開発をめぐる6ヵ国会議のメンバーである。6ヵ国協議は各国家間の問題を協議する場であるが、基本的に国家戦略が異なる国家どうしの会議なので、国益が衝突することはあっても、妥協することは困難と考えられる。

(2) 海洋勢力の現状

日朝間に国交はないが、商業取引はおこなわれており、ある時期までは日本の港に入港する北朝鮮船籍の貿易船は年間数百隻にのぼった。また、北朝鮮工作船も海岸近くに接近し、非合法工作（覚せい剤取引、日本への浸透工作員輸送など）を実施するという事案も散見された。前述した2001（平成13）年12月22日の九州南西海域沖における北朝鮮工作船と海上保安庁の巡視船艇・航空機との領海警備をめぐる攻防事件では、北朝鮮の国家ぐるみの犯罪であることが明らかとなり、以後、海上保安庁の毅然たる対応で工作船の動きを抑制している。

さらに、2006（平成18）年7月5日、北朝鮮は近隣諸国への事前通告をすることなく、テポドン2号を含むミサイル7発を東方へ発射し、日本海に着弾させた。それに対して日本は、「特定船舶の入港の禁止に関する特別措置法」（特定船舶入港禁止法、2004年6月28日施行）にもとづき、経済制裁の一手段として万景峰号の入港禁止措置を実施した。その後、北朝鮮が地下核実験を実施したため、朝鮮船籍のすべての船舶へ入港禁止措置を拡大した。禁止措置対象船舶と禁止期間は閣議で決定されるが、これ以降、北朝鮮船籍の貿易船の日本の港湾への入港実績はない。この措置による経済制裁は一定の効果はあったと考える。

北朝鮮人民軍は、兵力約１１５万人、戦車約３９００両、戦闘機約８４０機、フリゲート艦３隻、ミサイル艇１２２隻、潜水艦88隻、ほとんどが旧式で、性能は湾岸戦争時のイラク軍の装備以下と言われている。海軍の主力は潜水艦とミサイル艇、魚雷艇だが、経済制裁などの影響で、燃料不足により、訓練も十分にできない状態であると分析されている。通常兵力による国土防衛と南下侵攻は不可能な状況であることから、弾道ミサイル、核兵器、化学兵器の開発と電脳戦力強化に重点を置き、国防力の維持・強化を図っている。これらは「貧者の凶器」（戦力コストに対して相手国の被害多大、かつ抑止力大）とも言われており、これを用いて虚勢を張り、威嚇をし、国際取引（食料・医療などの援助、重油などのエネルギー援助）、国防抑止力に活用しているのが現状である。

（３）主体（チュチェ）思想とは

北朝鮮の国家戦略を考えるうえで忘れてはならないものが「主体主義」である。「人間がすべてのことの主人であり、すべてを決める」という信念を基礎にする主体思想は、マルクス・レーニン主義をもとに、金日成（キムイルソン）が独自の国家理念として北朝鮮人民を教導した国内統治理論であると言われている。

人間は自己の運命の主人であり、大衆を革命・建設の主人としながらも、民族の自主性を維持するために、人民は絶対的権威を持つ指導者に服従しなければならないと唱える。

　さらに、人間は自主性、創造性、意識性をもった社会的存在であり、それらは社会に影響する割合が高まる方向に発展する。民族として発展するためには、革命的首領が必要となる。したがって、革命的首領は国家としての革命と建設の主人公である。人民大衆は必ずその首領の指導を受けなければならない。首領は頭であり、党は胴体であり、人民大衆は手足である。胴体と手足は頭が考えたとおりに動かねばならない。頭がないと生命は失われる。よって、首領の権威は絶対であり、すべての人民大衆は無条件に従わなければならない。肉体的な生命は生みの親が与えるが、政治的生命は首領が与えるもので、首領は政治的生命の恩人であり、父である。したがって、父のまちがいで家が傾くと言って、父を変えることができないように、首領は変えることができない。全人民は団結して無条件に忠誠をささげなくてはならない、とも説いている。

　なんという独善的考えであり、前近代的な思想であろうか。このような国内統治理論を子どものときから教育され、社会に出てからも教導された人民大衆は、表現の自由、思想の自由、行動の自由が制限され、考えることも許されず、社会は停滞するだけで、発展する要素は皆無である。その首領の能力が国家の能力であり、首領の能力にすべてを託す国家システムで、代々首領が世襲では、発展のしようもない。ソ連が崩壊して、共産主義経済モデルは失敗したというのに、北朝鮮にはその残渣があり、思想的には、まったく近代化していないと思われる。

　なお、北朝鮮の後ろ立てとなってきた中国と金王朝3代との関係は、次のように考えられている。

金日成時代＝毛沢東・鄧小平と金日成の時代は、朝鮮戦争での血盟関係継続

金正日時代＝江沢民・胡錦濤と金正日の時代は、中華（華夷）思想などにもとづく特別な関係
金正恩時代＝習近平と金正恩の時代は、冷たい関係

現在でも旧中華帝国の中華思想にもとづく国際秩序関係を双方ともに意識しつづけているように思えるが、北朝鮮の弾道ミサイル、核兵器の射程圏には、北京も入ることを考慮する必要がある。

（4）弾道ミサイル、核への傾注

北朝鮮が核開発に着手したのは、冷戦終結直後の1990年、ソ連が韓国との国交を樹立したときからである。ソ連は北朝鮮に対して核・ミサイルの技術供与をする代わりに、自前で核武装するよう通告した。以来、秘密裏に核開発をおこない、新たにパキスタンなどからも技術供与を受け、着実に核技術、ミサイル技術を向上させてきた。

核開発に関する疑惑が国際問題となる中、原子力の軍事的利用への転用防止などを監視する国際原子力機関（IAEA）の査察をたびたび受けるなど、国際的監視が厳しくなったものの、技術力は地下核実験をおこなうまでになっている。ミサイル技術も大陸間弾道ミサイル（ICBM）、潜水艦発射弾道ミサイル（SLBM）まで、着実に向上していることが憂慮されている。

核兵器と弾道ミサイルを開発し、さらに核弾頭を小型化し、弾道ミサイルに搭載する能力を保有することは、北朝鮮が国家として生き残るために、一貫して進めてきた国家戦略である。北朝鮮の目的は、アメリカに確実に届く核兵器と弾道ミサイルを保有して、それを外交交渉カードとしてアメリカと交渉し、金王朝の承認と平和協定の締結、すなわち朝鮮戦争の終結の確約を得ることだと考える。さらに

「親米国家」の地位を獲得することで、中国、ロシア、アメリカとの間で「三股外交」をおこなう戦略のようにも思える。金正恩労働党委員長のアメリカ文化・スポーツ好きは「親米国家」への願望のシグナルとも思える。いずれにしても、北朝鮮は、半島国家戦略で国家の存続を図るしか選択肢がないだろう。

(5) 36年ぶりの労働党大会

朝鮮労働党の党大会は、1980年の第6回を最後に、一度も開催されず、党代表者会議をおこなうに留めてきたが、2016年5月6〜9日の4日間、36年ぶりに開催された。故金正日総書記の晩年頃から金正恩第一書記政権になって以降、経済状況も徐々に回復したこともあり、ようやく長期的な計画を設定し、それを目標に経済運営できるようになったということだろう。

大会で金正恩は事業総括報告をおこない、北朝鮮が「責任ある核保有国」であることを宣言し、同時に先制攻撃されないかぎり核兵器を使用する意図はないと表明した。また経済分野では、2020年までの「国家経済発展5ヵ年戦略」を提示、核開発と経済発展を並行して進める「並進路線」をとるとした。この大会で、金正恩は朝鮮労働党委員長に推戴された。

事業総括では「電力」について何度も言及し、国民生活、経済活動に必要な電力が不足していることを率直に認めている。今後、電力問題、回復傾向にある食料のさらなる安定供給などに注視する必要がある。反面、経済が回復状況にあることと、並進路線の一方である核、ミサイルの開発実験を繰り返していることを考えれば、安保理決議の経済制裁と各国個別の制裁は、まったく効果がないことを示しているとも思われる。

（6）暴発の可能性

従来から日本では、北朝鮮に対して過激に制裁措置を実行すると、暴発する可能性があるという議論があり、北朝鮮に対する「食料（米）支援」「ＫＥＤＯ（軽水炉型原子力発電と重油）支援」などで、徹底した制裁措置には踏み込まない政策をとってきた。

北朝鮮は日本が考えるように、ほんとうに暴発する可能性があるのだろうか。朝鮮半島ウォッチャーとして著名な黒田勝弘氏（元産経新聞ソウル支局長）は、次のように解説している。

北朝鮮のソフトランディング論には反対である。長期的に北の国民を苦しめるだけだ。ハードランディング、つまり政権崩壊のほうがコストは小さいと思う。ソフトランディングは北の戦略である。北朝鮮の国民性は一か八かで命をかけてやろうという価値観はない。北朝鮮は生き残ることに全力を挙げている。北朝鮮は一か八かで暴発するとか、共倒れする戦争をするなどということはやらない。だから、今まで北朝鮮は生き残っている。北朝鮮が

【参考】KEDO（朝鮮半島エネルギー開発機構）

北朝鮮の核開発疑惑解決のために1995年につくった、日本・韓国・アメリカの共同組織。北朝鮮が黒鉛高速炉（核兵器の原料であるプルトニウムの生産が容易）を凍結、アメリカなどが平和目的の軽水炉型原子力発電施設を供与、同施設完成までの代替エネルギーとして重油50万トン／年を供与するという合意をした。しかし、北朝鮮によるIAEAの査察拒否、核開発継続の発覚などを経て、2002年に重油供与停止、2005年にはKEDOを解散した。

崩壊したら、大量の難民が出ると言われているが、難民は出ない。難民の流出は崩壊を恐れる北朝鮮の宣伝である。

日本の政治家や日本人が、北朝鮮を追いつめると暴発する恐れがあると唱えるのは、日本人の気質と記憶の中に太平洋戦争開戦に際して自身が追い詰められ、暴発した経験があるからではないだろうか。自らの思考判断を北朝鮮に投影した結果、北朝鮮も同様に暴発するに違いない、と思い込んでいるのかもしれない。よ

【参考】北朝鮮の国民総生産（GDP）と軍事予算

北朝鮮の経済統計は公表されてないが、韓国銀行、国連で推計値が報告されている。それによれば、GDP は約２兆円であり、佐賀県の GDP とほぼ同額である。ちなみに、アメリカ 1629 兆円、中国 940 兆円、日本 479 兆円、韓国 127 兆円、東京都 93 兆円である。

約２兆円という経済規模では、いかに先軍政治を進めているとは言え、GDP をすべて軍事予算に投入しているとは考えられず、韓国軍事費の対 GDP 比 2.64％をもとに、北朝鮮軍事費の対 GDP 比を３％とすると、軍事費は 600 億円程度となる。10％でも 2000 億円。この金額は 2017（平成 29）年度の海上保安庁の予算額とほぼ同額である。

ただし、北朝鮮の財政は不透明な部分が多い。金王朝と人民軍のための第２経済委員会があり、人民用の統制経済委員会とは分離されており、金正日時代から第２経済委員会は金正日の私的資金源となっている。北朝鮮はコカインなどの麻薬、偽タバコ、偽札、ミサイル、武器など、売れるものはなんでも売り、取れるものはなんでも取ってきた。たとえば、韓国の金大中大統領が金正日との首脳会談を実現するために 4.5 億ドルを支払ったが、それはもちろん、金正日の私的資金となったのだろう。前述した北朝鮮の GDP は、あまり参考にはならないのかもしれない。

く北朝鮮外交を「瀬戸際外交」というが、北朝鮮は、大国のはざまで揉まれながら生き残る力を育んできた。朝鮮民族は「一か八か」の博打のような無謀な賭けをする民族ではなく、ただ外交的譲歩を得るために心理戦をしかけ、条件交渉に持ち込む戦術をとっているのである。

古田博司氏（筑波大学大学院教授）も、ある講演会で「北朝鮮はそう簡単には崩壊しない。私たち（日本人）は、自分の希望の姿（考え方）を北朝鮮に投影してはなりません」と解説している。

3.「海洋支配」で中華帝国の復興をめざす――中国

（1）いつから「海洋支配」をめざしたか？

近年の海洋東アジアにおける中国の海洋進出は目を見張るものがあるが、中国は明・清時代に海禁政策をとるなど、元来は内陸志向である。それは毛沢東の時代までつづき、毛沢東時代の人民解放軍は対外的にはほとんど脅威にならないものだった。

では、いつごろから「海洋支配」を国家目標としたのであろうか？

それは、１９７６年に毛沢東が死去して以降の中国共産党内部抗争で、毛沢東の後継者である華国鋒国家主席を追い落として実権を握った鄧小平（とうしょうへい）が、実務家を糾合して保守派の妨害を乗り越え、現代化をダイナミックに進めた１９８０年代以降と考える。

毛沢東時代の共産主義拡張政策のほとんどが失敗したのは国力（軍事力）がなかったためと考えた鄧小平は、毛沢東が発動した文化大革命によって疲弊した中国の再建に取り組んだ。国力（軍事力）の基礎は経済力と判断した鄧小平は、確実に国力の増強を図るため、「改革開放政策」を唱え、経済成長路線に切り替えた。この路線変更は、中華帝国数千年の国家戦略の大転換を図ったもので、統治機構は共産党一党支配としたまま、建国以来の「計画経済」を捨て、社会主義体制で市場経済導入を図る前例のない取組だった。さらに経済改革と経済成長は一朝一夕には達成できるものではないことを鄧小平は理解しており、達成できるまでは、「韜光養晦（とうこうようかい）」（国力がないうちは、国際社会で目立った行動をせず、じっくり国力を蓄える）戦術を徹底させ、国際外交を展開して、国力の強化を辛抱強く進めた。

その後、保守派の台頭により、改革開放政策の停滞を危惧した鄧小平は、1992年1月、これを打破するため、「南巡講話」をおこなっている。この講話で鄧小平は、政策の堅持と経済成長の加速を呼びかけ、社会主義と資本主義は質において違いはない、発展こそが絶対的な道理だと唱え、市場経済への全面転向を推進した。

もともと、中国人は利にさとい民族である。中国人民は鄧小平の改革に呼応して、生気と活力を取り戻して経済成長への道を歩みはじめた。これにより1980年代からの経済成長率は毎年10％前後で推移し、この成長率に比例して軍事費も徐々に増加していった。

東アジアの戦略的均衡は、日米が西太平洋で海上勢力（海軍力）を保って海洋の自由を維持し、中ソの陸上勢力（陸軍力）がアジア大陸を席巻する中、双方とも相手の勢力圏に十分な通常勢力を投入できないことで保たれていた。

しかし、1980年代に改革開放路線化で中国の経済発展がはじまり、冷戦の終結によってソ連(当時)の脅威から解放されると、中国は初めて本格的に海洋を意識して、進出を考えはじめた。

海軍司令官劉華清(りゅうかせい)(当時、共産党中央軍事委員会副主席)が鄧小平の意向を受けて、1982年に第1列島線(九州－沖縄－フィリピン－ボルネオ島のライン)、第2列島線(伊豆諸島－グァム－サイパン－パプアニューギニアのライン)という海洋防衛線を定めた。そして、①2010年までに第1列島線の防衛ラインを完成させ、その内側への米海軍の侵入を阻止する、②2020年までに複数の航空母艦を建造し、第2列島線の内側の制海権・制空権を完成する、③2040年までに西太平洋とインド洋における米海軍の独占状態を阻止する、という目標を掲げ、人民解放軍海軍の長期海洋戦略と軍装備の近代化計画を策定した。そして現在、経済成長を背景に着実に戦略目標を実現させており、漢民族の長期戦略思考には脅威を感じざるをえない。

第1列島線
第2列島線

第1列島線と第2列島線

さらに2013年3月、胡錦濤(こきんとう)国家主席に代わって国家主席に選出された習近平(しゅうきんぺい)は「大有作為」(適宜、蓄えた実力を一挙に発揮させる)戦術に移行させている。習主席の基本的戦略は、軍事力と経済力を基盤とする対外強硬方針にあると見るべきである。特に海軍力増強による東シナ海、南シナ海での国家権益(革新的利益)確保のための海洋進出や、東シナ海における防衛識別圏の一方的設定は、その具体的なあらわれであり、東南アジアと東アジアの緊張を高める、きわめて冒険的な政策である。実際に武力衝突に発展すれば、中国もそれなりの損害を被ることになり、政治上、中国共産党一党支配の崩壊も危惧される。ギリギリのところで戦わずして(外交で)勝つという中国伝統の「孫子の兵法」であろうか。

(2) なぜ「海洋支配」をめざすのか?

第2次大戦後の世界秩序は、パックス・アメリカーナ(アメリカの形成する平和)と、国際連合常任理事国中心に形成されたもので、国土(領土)を拡張・支配することは現実的ではなくなった。また、領土を増やして農業生産力を手に入れても、グローバル化が進む国際社会・経済下では大きな国益にはならない。現在、中国は大量の食料、工業原材料、エネルギー資源を海外から輸入しており、経済の中心は中国大陸の海岸地帯にある。なぜなら、海外との貿易活動の大半は、海上交通による海運によって支えられているからである。中国に限らず、このような経済活動を営む国家が海軍力を含むシーパワーを増強することは、国家経営の当然のあり方だろう。

国際社会に影響を与える経済力と軍事力を得た中国は、「大有作為」戦術をもって「中華民族の偉大なる復興という中国の夢を実現する」という目標を掲げ、2013年3月の全国人民代表大会(全人代)で習主席は、24分間に9回もこの言葉を使って演説をおこなった。中国は1840年のアヘン戦争以来、諸外国に攻め込まれつづけた屈辱的な歴史が背景にあり、その屈辱と苦難の中から奮起、抗争し、それを乗り越えてきた。経済・軍事大国になって国際的にもプレゼンスが高まっている今、さらにプレゼンスを高めるため、「中国華民族の復興」というスローガンを掲げたのであろう。

では、「中華民族の偉大なる復興という中国の夢を実現する」という習政権のキャッチフレーズは、具体的には何をめざしているのだろうか。総書記に就任して初めての中央委員会で、習主席は「中国共産党成立100周年のときに、小康社会(いくらかゆとりのある社会)を実現、新中国成立100周年のときに、富強な民主文明の和諧的な(調和のとれた)社会主義の現代国家建設を達成する」と訓示したそうだ。近藤大介著『対中戦略――無益な戦争を回避するために』(講談社)は、この訓示について、以下のように述べている。

「中華民族の偉大なる復興という中国の夢」の内容および実現する時期なのである。中国共産党成立100周年は8年後の2021年7月1日であり、新中国成立100周年は36年後の2049年10月1日だ。このように、中国が戦略的な目標を定めるとき、2021年までの中期目標と、2049年までの長期目標を常に念頭に置いて考える。

(中略) 習近平総書記が、「中華民族の偉大な復興」というセリフを語るとき、そもそもそこにある起点は、1840年のアヘン戦争をさす。中国は古代から、伝統的に近隣諸国に対して「朝貢外交」をおこなってきた。これは東アジア特有の主従関係のシステムである。近隣諸国は形式的に、中国を宗主国、そして中国の統治者を「皇帝」と崇め、恭順の意を示す。中国の皇帝は、近隣諸国の統治者を臣下とし、その国の「王」と認める。各国の王に義務づけられるのは、中国に向けて兵をあげないこと、毎年正月に中国へ特使を送り、引きつづき恭順の意を示すこと、王が変わる際には事前に承認を得ること、以上の3点である。これにより中国は、その国の内政には干渉せず、その国に経済援助を施し、その国から要請があれば援兵を出す。古代から連綿とつづいてきたこの「東アジアの形」が崩れたのが、1840年のアヘン戦争だった。これに敗北した中国(清朝)は、歴史上初めての不平等条約を英米と結ばされたからだ。

近藤大介氏のこの説明を斟酌すれば、習政権は中国伝統の朝貢外交を基調とする現代版中華思想(華夷思想。漢民族が古くからもつ自民族中心主義。中華の天子が世界の中心であり、その文化・思想が最も神聖なものであると自負する考え方)にもとづき、中国を宗主国、近隣諸国を臣下とする東アジア秩序を復興させようとしているように思う。西洋諸国が定めた国際ルールは、軍事力のなかった中国にとっては押しつけられたものであり、これを打破して新たに中国を中心にした東アジア新秩序を構想しているように見える。

このような背景に加えて、世界の覇権国を見れば、イギリスもアメリカも基本的には海を支配して世界の覇者になったことは歴史的事実であり、中国が海を支配する目的も、その海に面する国々をコントロールすることであると考える。その海域で中国が有利になるルールを設定することで、ほかの国のシーレーンを恣意的に遮断することも可能になる。中国が経済力と軍事力を背景に「中華民族の復興」という夢を実現するためには「海洋支配」する必要があるという国家戦略であろう。

この国家戦略は、アルフレット・T・マハン（アメリカ元海軍大学校長）のシーパワー理論が下敷きになっているものと思われる。マハン理論の要点は以下のとおりである。

・世界大国になるには海洋を支配する海洋国家になる。
・海洋国家には強大なシーパワーが必要である。
・シーパワーは海軍力、海運力、港湾施設などを総合した国力である。
・シーパワーが成立する条件は、①国の地理的位置（海上交通路と国土の関係、港湾施設など）、②国土面積、③人口、④国民の海洋資質（海洋文化・航海技術・シーマンシップなど）、⑤政府の資質（海洋戦略など）、の5要素である。

要するに、マハン理論の根幹は「国家の繁栄には貿易の拡大を必要とし、それにはシーレーンの確保や海軍力の増強が重要となる」ということである。このマハン理論にもとづく海洋国家戦略をもって、鄧小平以降、中国は「海洋支配」に挑戦をつづけていると考える。

（3）海洋国家戦略は成功するか？

中国は国家戦略を決定する共産党大会において、2003年に「海洋開発の実施」、2007年に「海洋経済の発展」、2012年に「海洋強国の建設」を打ち出し、海洋への取組を強化してきた。2012年が中国の海洋元年と言われているが、2013年に習近平が国家主席になってからも国家海洋委員会の設置、国家海洋局の再編（中国海警局の設置）などの行政改革がおこなわれ、中国の海洋への取組は、かつてない勢いで展開している。

しかし一方で、マハン理論では、海洋を支配する海洋国家が、大陸を支配する大陸国家となることはありえないとも論じている。中国は、歴史的にも文化的にも地理的にも大陸国家であることはまちがいないが、マハン理論のテーゼによれば、中国の試みは地政学的には無謀な挑戦ということになる。地政学の祖であるH・J・マッキンゼーも、陸軍国家が同時に海軍国家を兼ねることはできないと言及している。

では、なぜこのようなテーゼになったのだろうか？　マハンは、大陸国家は常に隣接する国家との生存競争が存在するとの前提に立ち、ゆえに海洋に進出するための費用を負担できない、という考えを示している。しかし、中国では、1980年代の改革開放政策のもとで経済発展がはじまり、冷戦終結によって北方ソ連の脅威から解放された。経済力と海軍力を増強したうえで、歴史上初めての本格的海洋進出を開始している。はたしてマハン理論のテーゼは成り立つのだろうか。

現実的には海軍力を整備・維持し、日進月歩する軍事技術をフォローアップするには多額の国家予算が必要で、陸軍力に加えて海軍力を保持するためには、現状程度の経済成長率（10％前後）を継続することが必要になると思われる。さらに、改革開放路線により確かに経済力をつけ、GDPは日本を超え、現在世界第2位であるが、2013年統計によれば、国民一人あたりGDPは約6700米ドルで、世界第84位（日本は約3万8000米ドルで第24位）である。国内では経済成長のマイナス効果が顕在化しており、国内経済・政治リスクが大きくなってきている。

中国経済は安価な製品を大量生産し、先進国に輸出することで成長するという、開発途上国の労働集約型経済、輸出主導型経済モデルである。製造業界において国民一人あたりGDPが5000米ドルを超えると、工場労働者の賃金アップ、原材料費高騰などにより、製品の競争力が低下すると言われている。個人あたりのＧＤＰはすでに５０００米ドルを超えており、競争力は年々減少する傾向にある。この製造業が陥る「５０００米ドルの壁」を突破し、継続的に先進国に輸出することにより経済成長を維持するために、現在の経済力と国際協力の取引(技術の買収、盗用など)によって、海外から新技術を導入することを考えているかもしれないが、独自の技術開発力では、自力による新技術開発は困難であると思われる。

輸出製品の大部分は海外技術の導入による、安い労働力集約型で、自国の技術開発力による製品ではない。また、経済格差、地域格差、汚職、環境、食の安全、少数民族問題など国内社会の不満が高まっている。今後も約７％を超える経済成長を実現しているうちは、国民の不満を制御できるが、成長が鈍化すれば、社会の不満は一気に吹き出すとも言われており、海軍力などの維持・整備増強も困難になる可能性がある。

人民解放軍は航空母艦数隻の建造をはじめとして海軍力を増強し、第１列島線を越え、第２列島線までの制海権・制空権を確保する戦略である。第１列島線内を接近阻止、第２列島線内を領域拒否(Anti Access Area Denial：Ａ２ＡＤ)とし、さらには、インド洋とマラッカ海峡などでのアメリカの海洋支配力にも挑戦しようとしている。しかし、航空母艦の実戦的展開にはミサイル巡洋艦、ミサイル駆逐艦、潜水艦、補給艦などを含む航空母艦戦闘群の編成が必要で、巨額な国防費の投入が不可欠である。西太平洋の一海域に常時航空母艦１戦闘群を配備するためには、少なくとも航空母艦２戦闘群が必要であり、西太平洋とインド洋の二海域に常時配備するためには、航空母艦４戦闘群以上を保有しなければならず、さらに膨大な軍事費がかかることになる。

今後、習近平国家主席が「中国の夢」を実現するためには、1980年後半から維持している経済成長の維持と、その経済成長のマイナス効果で生じた国内リスクの解消、という困難な問題を解決しなければならない。

現在の国内リスクもさることながら、将来の国内リスクも存在する。それは一人っ子政策(現在は二人っ子政策)による少子高齢化と、環境悪化に伴う健康被害による平均寿命の低下、という問題である。ある統計によれば、中国の人口は2030年頃に14億5000万人で最大となり、以降は人口減少期に入る、少子高齢化は国の成長潜在力を削ぐように作用すると言われている。また、社会保険制度の有無、医療制度格差、食品衛生・安全、生活水準の低下や格差の拡大、社会モラルの劣化などにより、平均寿命が低下すれば、将来的に大きなリスクをかかえることになる。ある文献によれば「国家の平均寿命とは、その国家の国民全体の生活状態を反映する最も包括的な数字であり、究極的には、国民に長生きを保証できない国家は、国民に見捨てられる運命しか待っていない。ソ連を例にあげると、1970年をピークに平均寿命は急速に短縮し、国民に長生きを保証できない状態となった。これは国民全体の生活条件が急速に悪化した反映であり、米ソ冷戦でのソ連の敗北の遠因になった」と、防衛専門家が大胆に推測している。平均寿命にも注視することが必要ではないだろうか。

加えて、海洋戦略へ転換する前提には、北方のソ連(当時)の脅威から解放されたことがあるので、ロシアとの外交、経済問題などにも留意しなければならない。

現状における中国の海洋に関する主張は、自国の国益を確保するための軍事的な要請にもとづくもので、海洋国際法の裏づけを欠いているとともに、大陸国家の海洋進出はマハン理論のテーゼから逸脱するものである。最近、日本、アメリカをはじめ東南アジア諸国の海洋国家は、一丸となって海洋中国に対抗すべく、行動をとりはじめている。海洋国家は海洋の自由航行を確保することが戦略の第一であり、中国が海洋の自由に手を出せば、直接・間接的にこれらの海洋国家はその秩序を堅持するために動きだすであろう。

最近、中国の海洋に関する主張に対して、注目すべき国際司法の動きがあった。南シナ海のほぼ全域に主権や権益をおよぼそうと、同海域での人工島建設により実効支配を進める中国の動きに対して、フィリピンが国連海洋法条約違反などを確認するよう申し立てた仲裁裁判で、２０１８年7月12日、オランダ・ハーグの国際仲裁裁判所が、中国の主張の根拠としてきた「九段線」について、法的根拠はないと、フィリピンの主張を認める判決を下したのだ。

仲裁判決には上訴が認められておらず、法的拘束力がある。しかし、判決を強制執行する手段がなく、現状では中国の動きを実力で阻止できないが、判決の無視は国際的な批判にさらされることになり、国連常任理事国でもある中国の国際世論戦には大きなマイナスになる。中国三戦（法律戦、世論戦、心理戦）という平時における戦法中、法律戦で手痛い敗北を喫し、世論戦でも不利な状況に追い込まれたということである。世論戦では国内と国外に向け、報道機関を使って巻き返しを図るとともに、得意とする2国間交渉で、フィリピンに対し、軍事力・経済力を背景とした妥協交渉をしかけているが、今後の動きを注視する必要がある。

前述したマハン理論のテーゼでは「あらゆる国家は、海洋国家であり、かつ大陸国家であることはできない」」、マッキンダーのランドパワー理論も「陸軍国家が同時に海軍国家を兼ねることはできない」と言及しているが、歴史的にも地理的にも中国は内陸思想の大陸国家であり、経済的に成長率は下降傾向を示しはじめ、内政的リスクが大きくなっており、中国の海洋国家戦略は大陸国家の限界を越えつつあるのではないかと考える。

２０１７年1月30日付の新聞情報によれば、中国の経済成長率は減速し、前年の実質ＧＤＰ伸び率６・７％と26年ぶりの低成長。６年連続で成長率は鈍化し、減速基調が一段と強まり、中国経済の原動力である輸出が大幅に落ち込ん

【参考】大陸国家と海洋国家

大陸国家、海洋国家とは、地政学上の概念の１つであり、大陸国家は主観的、排他的志向をもつとされている。地理的には大陸の中央か周辺に位置し、過去には陸上輸送と陸軍で覇権を確立した国家であり、大陸に国家経営の基盤を築き、農産物の生産と地下資源の採掘をおこない、陸上の支配地域の拡大を排他的におこなったとされる。海洋国家は、国家全体か大部分が海に囲まれている国家、あるいは海との関わりの大きい国家であり、必ずしも島国や半島である地理的な条件を要するとはされていない。国家周辺の海洋により他の地域から隔離されており、国内の結束を維持している。海上交通力と制海権を確立し、貿易によって国家の発展と存立に必要なエネルギーを取得できれば、国家を維持することができ、領土拡大志向は薄いとされる。

○大陸国家とされる（された）諸国
ペルシャ帝国、中国、モンゴル帝国、オスマン帝国、ロシア連邦、ドイツ帝国など

○海洋国家とされる（された）諸国
カルタゴ、ヴェネツィア共和国、ポルトガル、スペイン、イギリス、アメリカ、日本など

だ。成長に伴う人件費の上昇によって、製造業を中心に国際競争力が低下したことが要因とみられる。中国の経済規模はアメリカに次いで世界第2位で、日本の2倍以上。２００1年の世界貿易機関（ＷＴＯ）加盟以後、「世界の工場」として急増した輸出がＧＤＰを押し上げてきた。習主席は高成長から内需主導の安定成長である「ニューノーマル（新常態）」への移行を掲げているが、問題はそれを阻む構造問題の根深さだ、と論説している。

さらには、トランプ大統領のアメリカ第一主義（保護貿易主義）発言に反応して、習主席はスイス世界経済フォーラム（ダボス会議）で「貿易と投資の自由化を促進し、保護主義に反対する」と述べた。中国に対するトランプ大統領の強硬姿勢をけん制する狙いだろうが、おおいに違和感をもたざるをえない。今後の不透明な国際経済状況と中国経済の成長鈍化などを背景に、最大4兆ドル近かった中国の外貨準備額は２０１８年末、約3兆ドルに減少した模様だ。

4．朝鮮半島をめぐる情勢変化と関係国の動き

（1）北朝鮮、中国、アメリカの動向

ここまでは主に第2次大戦以降の韓国、北朝鮮、中国の海洋戦略的動向の変遷について述べてきたが、次に現在の東アジアの状況、とくに北朝鮮を取り巻く状況について述べたい。

国連安保理の批判と制裁決議にもかかわらず、核開発とミサイル発射実験を強行実施する北朝鮮の動きに連動して、周辺国や国際社会では、国際安全保障に関する大きな政治的変動がはじまっている。

北朝鮮は先に述べたように、2016年5月に36年ぶりに開催された朝鮮労働党大会で、金正恩委員長が「北朝鮮は責任ある核保有国」「2020年までの国家経済発展5ヵ年戦略」を提示し、核・ミサイル開発を並行して進める「並進路線」を強調した。以後、国連安保理を中心にした国際社会の反対と制裁決議の中、核実験、弾道ミサイル実験、ミサイル発射エンジン開発を強化し、積極的に

【参考】「一帯一路」構想とアジアインフラ投資銀行（AIIB）

中国は2013年に中国とヨーロッパを中央アジア経由で結ぶ「陸のシルクロード」と、ASEAN・南アジア経由で結ぶ「海のシルクロード」の、2本の新シルクロードを開発する構想を打ち出した。新シルクロード構想の対外的目的は中国の国際的プレゼンスの向上だが、中国経済減速傾向の中、シルクロード沿いの関係国のインフラ需要を取り込むことにより、中国経済のてこ入れ効果を目的にしている。

2本の新シルクロードの中でも、「陸のシルクロード」が先行しており、中国とヨーロッパを結ぶ貨物鉄道がすでに稼動をはじめたほか、中国西部とパキスタン、中国南部とインドを結ぶ経済回廊建設もはじまっている。本構想実現には、高速鉄道や港湾、発電所などのインフラ整備が必要であり、その融資資金として、外貨準備金400億ドル（約4兆7600億円）の「シルクロード基金」を設置、加えて、中国主導の国際金融機関「アジアインフラ投資銀行」（AIIB）がこのロードエリアを融資対象地域にして、バックアップする構想となっている。AIIBの加盟メンバーは、ヨーロッパをはじめ70ヵ国（主な加盟国：中国、インド、イギリス、フランス、ドイツ、イタリア、ロシア、オーストラリア、ブラジル、カナダなど）で、G7で未参加国は日本、アメリカのみである。

推し進める政策を開始した。さらには２０１８年元日の北朝鮮放送で、「アメリカ本土全域がわれわれの核攻撃の射程圏内にある。核のボタンは私の事務室の机の上にいつも置かれている。アメリカは決してわが国を相手に戦争をしかけることはできない。敵対勢力が国の自主権と利益を侵害しないかぎり、核兵器は使用しない。いかなる国も核で威嚇しない」と演説した。

現在、北朝鮮の国家戦略の最重要課題は「アメリカの攻撃から金王朝を守る」ことである。この演説は北朝鮮国内に対するアピールであるとともに、国際社会、特にアメリカ向けのアピールでもある。金日成以来の悲願である歴史的偉業を成し遂げたのは3代目の自分であるというアピールとともに、アメリカに対する抑止力としての核武装の完成宣言であり、これからは経済改革などに取り組む姿勢を示したものであった。

中国は、習近平主席のもと「大有作為」戦術に移行し、東シナ海、南シナ海での国家権益確保を唱えるとともに、アヘン戦争からはじまった屈辱からの中華民族の偉大なる復興という目標を掲げた。以後、「一帯一路」構想(陸と海のシルクロード建設、４００億ドルのシルクロード基金創設)と、この構想エリアを融資対象地域とする国際金融機関(ＡＩＩＢ)の創設などを、立てつづけに打ち出した。

これら習主席の「強い中国」政策はアメリカをおおいに刺激した。オバマ政権は海洋国家の根幹でもある海洋の自由航行に抵触したとし、これまでの中国への融和・譲歩政策を転換し、中国への対抗姿勢を打ち出し、アジア太平洋地域に米海軍艦艇の60％をシフトする「海洋の航行の自由作戦」を展開した(アジア太平洋シフト、リバランス)。この政策変更により、ＡＳＥＡＮ諸国も中国に対抗する姿勢をアピールしはじめている。

(2) 韓国文政権と日本

韓国は、金大中、盧武鉉政権時、左翼勢力(従北勢力)を伸長させたが、その後、李明博、朴槿恵と保守政権がつづいた。冷戦終結に伴い韓国経済がさらに伸長する一方、日本は経済競争力の低下と政治的不安定要因を抱え国力を弱めており、このままの状態が継続すれば、日本を抜き去るのは時間の問題であると考え、日本への対抗心と反感を増幅させた。しかし、対中国経済重視政策と外交・安全保障政策は、半島国家戦略と海洋国家戦略の間で揺れ動き、大きなつまづきをしたのではないかと考えている。

2017年5月10日、朴大統領の罷免に伴う大統領選挙で、北朝鮮に融和的な姿勢を示す最大野党「共に民主党」の文在寅(ムンジェイン)氏が当選した。金大中・盧武鉉元大統領以来9年ぶりの左派進歩系政権であり、両大統領と同様「対北朝鮮融和」を政策の柱に掲げての就任である。さらに文大統領はTHAAD配備の検討先延ばし、日韓慰安婦合意の破棄、「用日論」(日本とはうまくつきあい、利用すべき。政治と経済は分離すべき問題であるという考え方)などを主張している。

文政権は、米韓同盟に支えられた安全保障と中国との戦略的協力関係にもとづく経済的繁栄を同時に維持することを政策の基本方針としていると思われる。そして、従来の日米韓を中心とした太平洋経済圏をベースとしたものから、中国とロシアを加えたアジア大陸経済圏に軸足を移すべきと考えているように思われる。しかし海洋国家戦略に舵を切って資本主義経済を離陸させた韓国にとって、日米と協調して共に中国と北朝鮮に対応することが、東アジアの情勢からしても最も自然な動きではないか、と私は考える。

文大統領は、親北政策をとった盧政権時の秘書官で、主体思想を掲げる北朝鮮こそ民族精神を正しく実践してきたと考えている節が見受けられ、「日本軍国主義の恩恵を受けた親日派を活用して大韓民国を創建したのはまちがい」と極論しているとも言われる。１９６５年の日韓基本条約締結時、朴正熙大統領が談話で「過去だけに思いを致すならば、日本は「不倶戴天」であるが、この酷薄な国際社会で、過去の感情のみに執着することはできない。今日と明日のため、必要とあらば昨日の怨敵とも手をとらなければならない」と述べたことを思うと、文大統領の政策は、韓国の未来と国益に反するものであると考える。それは、自国の基本的あり方をめぐる国家意思の分裂であり、国民感情と国家的な意思が乖離して、国としての結束力に決定的な問題が生じる可能性が高い。李氏朝鮮末期の国家の死活問題で国論が分裂し、大陸国家(中国・ロシア)と海洋国家(日本)のはざまで揺れた日清・日露戦争前夜を連想させる状態ともいえる。今後の文政権の政策運営のいかんによっては、日本の安全保障におおいに影響することが予想される。日本は対韓国間の安全保障と経済・外交政策に関して朝鮮半島情勢を注視しつづけ、海洋国家としての国家戦略を誤らないよう、対処しなければならない時代になったと認識する必要があるだろう。

(3) トランプ大統領の対北朝鮮政策と北朝鮮

２０１７年1月に就任したトランプ大統領は、同年12月18日「国家安全保障戦略」を発表、「アメリカ第一主義」のもと強いアメリカを追求するとしたうえで、これに挑む競合勢力として中国とロシアを名ざしし、政治、経済、軍事の面でアメリカの優位を確保していく方針を示した。この中で、アジアについては「インド太平洋地域」と位置づけ、中国による南シナ海の軍事拠点化が他国の主権と貿易の自由を脅かし、地域の安定を損なわせているとして、同盟国や友好国とともに、航海の自由への関与を強め、領有権問題の平和的な解決をめざしている。

一方、北朝鮮への対応では、朝鮮半島の非核化に取り組む姿勢を打ち出している。北朝鮮の核・ミサイル開発に関しては、国連安保理において中国・ロシアの同調を引き出し、北朝鮮に対して最大限の経済制裁圧力をかける決議の採決に成功した。

同年4月6日、トランプ大統領は米中首脳会談の場で、国際合意違反を犯して化学兵器で反政府軍を空爆したシリア政府に対し巡航ミサイル攻撃を実施したことを、直接習主席に伝えた。このパフォーマンスは、オバマ前大統領とは違い、「レッドラインを越えたら、アメリカは躊躇なく軍事力を行使する」ことを中国と北朝鮮に示したものになった。同会談に先立ち、トランプ大統領は習国家主席に、「もし、中国が北朝鮮問題を解決しようとしないならば、われわれがおこなう。北朝鮮への制裁圧力を中国が強めなければ、アメリカが単独で核の脅威を取り除く」と明言している。その後、米海軍空母打撃群複数を日本海や朝鮮半島近海に進出させるとともに、米空軍戦略爆撃機をグアム空軍基地から韓国に派遣し、北朝鮮に具体的軍事圧力をかけはじめた。

このような恫喝外交に対し、北朝鮮は強気姿勢の口先外交(発言)によりトランプ大統領を牽制しつつ、核・ミサイル開発完成を最大限に急いだのではないかと考える。そして2018年元旦の、核・ミサイル開発の完成演説をもってトランプ大統領との外交取引材料を整え、次の政策ステップを模索しはじめたのであろう。

北朝鮮は以前から外交戦術として、「ソウルを火の海にする」などの過激な表現で隣接周辺相手国を不安に追い込み、譲歩を得る外交を常套手段としてきた。しかし、過激表現を注意深く見ると、そのはしばしに「相手が当方を挑発するならば」「制裁を強化するならば」などの留保表現が挿入されている。

今般の対トランプ大統領との外交戦術の中にもその表現があるが、それは「アメリカに限定攻撃をされたくない」という本音の裏返しであろう。核と軍事施設などを限定的に攻撃されても報復反撃はできないだろうし、反撃して全面戦争になってもその戦争を継続する能力はなく、反撃すれば金体制が崩壊するだけということを、十分に理解しているゆえの留保表現であろう。

北朝鮮は石油最貧国であり、軍事力を行使するための石油が欠乏している。年間の石油輸入量は約50万トン、石油供給を止めれば軍部隊の活動は困難に陥り、全面戦争どころか局部戦争さえ継続不可能となることを、人民軍は十分に理解している。ゆえに軍事的行動を局部的、一時的に相手国に見せつけたり、核・ミサイル攻撃能力を誇示する映像を利用し、過激的表現による外交戦術を用いて相手国に心理戦をしかけ、譲歩を得る外交戦術を展開せざるをえないのである。

北朝鮮のこの外交戦術がこれまで一定の成果をあげたのは、実力行使（テロ攻撃、局部攻撃、核・ミサイル実験など）を見せつけ、本気度の一部を見せたことによる。このような外交戦術は「瀬戸際外交」というより「貧者の砲艦外交」と呼んだほうが、本質がよりよく理解できると思う。砲艦外交とは、軍艦と号砲をもって軍事力を相手国に見せつけ、極度の不安心理と強迫観念を与え、外交目的を達成する恐喝外交である。

北朝鮮とトランプ大統領の外交戦術を比較すれば、ともに近代における砲艦外交をしかけているように思えるが、軍事力を大規模かつ現実的に行使できる能力とシリアへの攻撃で見られる軍事力行使命令発動の決断力は、トランプ大統領に軍配が上がるのは明らかだ。核・ミサイル技術完成により、一方的にアメリカ本土を攻撃する軍事力を得たという宣言をおこない、先んじて矛をおさめることで、和平外交戦術(微笑外交)に切り換え、トランプ大統領と会談する用意がある旨を表明したのは、こういった事情があるからだろう。

2018年元旦の金正恩演説には、核・ミサイル開発完成のほかに、大きな政策の転換がもりこまれた。それは、国内の経済改革を唱える一方、国内経済を圧迫する国連安保理の経済制裁を解除すべく外交政策を転換したことである。韓国文政権に対しても宥和外交戦術を仕掛け、同年2月9日開催の平昌冬季オリンピックに参加を表明するなど、積極的平和(微笑)外交を展開しはじめたのである。

(4) 核・ミサイル開発完成宣言後の金正恩委員長の動き

2018年元旦、核・ミサイル開発完成を宣言した新年の辞の中で、金正恩委員長は突然、韓国平昌オリンピック(開催期間2月9~25日)に代表団を送る用意があると演説した。同1月9日、板門店でおこなわれた南北閣僚級会談で、北朝鮮はオリンピック参加を正式に表明し、スポーツの祭典を外交の舞台にする動きを見せた。これは、トランプ大統領の言う「最大の圧力」よりも「対話重視」に重きを置く文在寅韓国大統領にとっては、国内外に向けてオリンピックを盛り上げる好機ともなり、おおいに期待・歓迎を表明した。開催直前にもかかわらず、南北政権の動きは迅速で、北朝鮮はアイスホッケーなど選手団に加え、美女応援団・公演楽団を韓国に送り込んだ。また、金正恩委員長に格別の影響力をもつとされる実妹の金与正と高位級代表団もオリンピックに合わせて派遣することに合意し、韓国政権を巻き込んで核・ミサイル問題を据え置いた平和攻勢をしかけた。

そして、平昌オリンピック終了後の3月5日、韓国大統領特使(国家安全保障室長)と金正恩委員長との会談が実現し、金委員長は南北首脳会談を4月に開催することに同意、その際、同特使に「トランプ大統領と会談したい」旨のメッセージを託した。同特使は3月8日に渡米、ホワイトハウスを訪問し、トランプ大統領に直接メッセージを伝達、トランプ大統領は「金委員長からの要請に応じる」旨の回答をしたことを表明した。

その後、アメリカの軍事オプションを封じ込めるためか、3月26日に金委員長が北京を電撃的に訪問、初めての中朝首脳会談が開催された。その会談で中国は、北朝鮮が表明した「朝鮮半島の非核化実現に尽力する」「その見返りとして、和平実現のための段階的な措置を求める」「国際社会の経済圧力路線の転換を求める」「対話により解決する」などに同調したと言われている。この背景には、北朝鮮の韓国との和解とアメリカへの急接近により、中国が置き去り状態になっていたことがある。北朝鮮の動きはまさに二股あるいは三股外交戦術で、絶妙なタイミングでの北京訪問であった。北朝鮮が親米国家になると困る中国にとっても、歓迎すべき訪問ではなかったかと思われる。

さらに4月27日、金委員長と文大統領による南北首脳会談が、板門店の韓国側施設にて開催された。この会談で「南北は、完全な非核化を通じて核なき朝鮮半島を実現する」とし、「朝鮮戦争の終戦と平和協定の締結をめざして恒久的な平和構築に向けた南・北・米3者または南・北・米・中4者の会談の開催を積極的に推進する」などの文言が盛り込まれた「板門店南北共同宣言」に署名した。

（5）米朝首脳会談に向けた各国の駆け引き

ロシアは、米朝首脳会談について「正しい方向への第一歩だ。実現を望んでいる」として対話の流れを歓迎した。ロシアは北朝鮮の核保有を認めない立場である反面、この問題の協議がアメリカや中国、韓国の主導で進み、「蚊帳の外」となることを警戒している。米朝首脳会談を朝鮮半島情勢の正常化に向けた「長期プロセスのはじまり」と位置づけ、ロシアと日本が参加する6ヵ国協議の再開をめざすよう牽制した。プーチン大統領は金委員長の訪ロを招請しており、今後駆け引きを活発化させるとみられる。

一方、米朝首脳会談を前にして日本政府も、日米首脳会談（4月18日）や日米外相会談などを数回にわたって開催したほか、情報収集のため、開催予定地のシンガポールに谷内国家安全保障局長を派遣した。会談後の日朝交渉をにらみ、北朝鮮当局と接触することを考慮しての動きであろう。さらに会談直前のカナダG7サミット（6月8〜9日）における日米首脳どうしのミーティングでも、日本政府にとって最も需要な政治課題である拉致問題を含め、会談に関する意見交換を実施した。北朝鮮も5月7〜8日に中朝首脳会談（2回目）を開催、会談を前にして中朝両国の緊密な関係を国際社会、特にトランプ政権に誇示するため激しく動いた。

当初、会談開催について、トランプ大統領はツイッターで「会談は6月12日、シンガポールにて開催する」と告知していたが、その裏側では両国の駆け引きがつづいていた。

５月７～８日、２回目の中朝首脳会談が大連で開催され、中朝両国の緊密な関係をアメリカにアピールするとともに、会談後、北朝鮮は対米外交の動きを強気に転じはじめた。５月16日、北朝鮮金桂寛第１外務次官は、ペンス副大統領とボルトン大統領補佐官（国家安全保障担当、対北朝鮮強硬派）を名ざしで批判し、「われわれが核兵器を放棄するのを一方的に要求するなら、われわれは協議への関心を失い、同首脳会談を受け入れるべきか、再考せざるをえなくなる」とアメリカを非難した。これは北朝鮮の非核化に「リビア方式」を適用すべきと示唆する、ペンス副大統領とボルトン大統領補佐官に対する牽制である。２００３年、当時リビアのカダフィ政権が大量破壊兵器の開発放棄を約束し、国際機関の査察を受け入れた後、政権が崩壊した事情を熟知している北朝鮮としては、「リビア方式」はどうしても避けたいものだった。

さらに、５月24日には、崔善姫外務次官が「アメリカがわれわれと会談場で会うか、核対核の対決の場で会うかは、アメリカの決心と行動にかかっている」という談話を表明した。これに対してトランプ大統領は、ツイッターで「北朝鮮は自国の核能力を自慢したが、アメリカの核能力は非常に大きく強力だ。これを使わないですむことを神に祈っている」などと反応し、即座に「６月12日の米朝首脳会談は中止する」と発表し、北朝鮮に書簡を送った。

会談中止のこの書簡は、北朝鮮にとって想定外であり、即座に反応せざるをえなくなった。６月１日、金委員長の側近である金英哲副委員長が急遽訪米、ホワイトハウスでトランプ大統領と直接会談し、同委員長の親書を手渡した。この親書は首脳会談中止を表明したトランプ大統領の親書への返書であり、会談後、トランプ大統領は「６月12日に予定どおり米朝首脳会談をおこなう」旨、記者団に語った。その際、「6月12日の会談はプロセスのはじまりだ」と説明し、北朝鮮の非核化問題は、今後も時間をかける問題となることを示唆した。

(6) 米朝首脳会談と共同宣言

史上初の米朝首脳会談は6月12日、シンガポールで開催された。トランプ大統領は「北朝鮮に安全の保証を与える」と約束し、金委員長は「朝鮮半島の完全な非核化に向けた断固とした揺るぎない決意」を確認した。この新たな米朝関係の構築は、朝鮮半島と世界の平和と繁栄に寄与するとともに、相互の信頼醸成によって朝鮮半島の非核化を促進すると認識し、共同宣言に署名した。加えてこの宣言を履行するため、ポンペイオ国務長官(元CIA長官)と北朝鮮高官は交渉をつづけ、可能なかぎり迅速に宣言内容を履行することを約束した。

共同宣言の概要は以下のとおりである。

・平和と繁栄を求める両国国民の希望にもとづき、新たな米朝関係を構築する。
・朝鮮半島での恒久的で安定的な平和体制を構築する。
・2018年4月27日の「板門店宣言」を再認識し、半島の完全な非核化に向け取り組む。
・朝鮮戦争の遺骨回収、遺体の帰還に取り組む。

共同宣言は、北朝鮮の核・ミサイル廃棄に関する工程・時期などについては具体的内容に欠けるものとなったが、トランプ大統領は会談後の記者会見で、「当面、朝鮮半島での米韓合同軍事訓練は中止する」と発言した。この発言はトランプ政権にとっては国際公約的発言であり、共同宣言を履行する米朝交渉が決裂しないかぎり、アメリカによる北朝鮮に対する軍事攻撃の発動はない、ということであろう。

このような情勢下において日本政府は、現時点で北朝鮮の核・ミサイル攻撃の脅威が消滅したわけではないとし、イージス艦配備に加え、イージスアショア地上配備型弾道ミサイル防衛システムの導入計画を進めている。このシステムは、現在のイージス艦搭載ミサイル（ＳＭ３）と地対空誘導弾（ＰＡＣ３）による二段構えミサイル防衛の不備を補完するものであると理解している。

以上、朝鮮半島をめぐる情勢変化、特に北朝鮮の核・ミサイル問題をめぐる関係国の動向などを述べてきたが、朝鮮半島危機を煽りつづけた北朝鮮に対するトランプ大統領の対応が際立っており、この対応により当面の危機状態は避けられた模様である。

トランプ大統領の「強者の砲艦外交」が功を奏したようにも思えるが、北朝鮮の半島国家としての生き残りをかけた三股外交も実を上げており、狙いどおり半島情勢の現状を先延ばしにしたと言えるかもしれない。

今回の朝鮮半島の情勢変化と北朝鮮の対応を見て、一つだけ確信できたことがある。それは、北朝鮮は半島国家として生き残るため、中国とロシアはもとより、今後はアメリカを含めた三股外交戦術を駆使するとともに、展示的かつ一時的武力行使・テロ攻撃は起こすものの、けっして致命的暴発はしない、ということである。日本としては、朝鮮半島危機が先延ばしされた時間を活用して、海洋安全保障政策の強化策を迅速に推進することが肝要である。

（7）文大統領の動きから見えるもの

米朝首脳会談の共同宣言の中に「2018年4月27日の「板門店宣言」を再確認し、半島の完全な非核化に向け取り組む」とある。この「板門店宣言」の文大統領の真の狙いは、アメリカと北朝鮮が現在の38度線での休戦協定を終戦協定にすることで、最終的に平和条約締結のお膳立てをしようとするもので、これにより最終的にはアメリカを朝鮮半島から撤退させることにあるのではないか、と私は考える。アメリカの半島からの撤退は、北朝鮮の宿願であるとともに、中国とロシアにとっても望ましい状態に違いない。また、非核化については、北朝鮮との経済交流、人的交流を拡大することで和解ムードを醸成し、話し合いをつづけながら緩やかに実現しようというものである。

しかし、アメリカ、日本と国際社会にとって、非核化は「入口問題」であり、非核化の確約（完全かつ検証可能で不可逆的な非核化）がなければ、話し合いは無駄であると考えている。一方、文大統領は非核化は話し合いの「出口問題」であると考えている。さらに、南北両国とも「朝鮮半島の非核化」を唱え「北朝鮮の非核化」という表現にはなっていないところをみると、南北両国にとって核・ミサイル問題を含め両国のすべての問題は、アメリカでも中国でもなく、あくまでも当事者間で解決することであると考えていることを示している。

また4月27日の南北首脳会談で、文大統領は、半島の非核化が進められ平和条約が締結された場合を想定して、南北がともに繁栄する経済共同体を構築する朝鮮半島新経済協力ロードマップを金正恩委員長に説明した、と言われている。その中には、北朝鮮経済5ヵ年計画の重要施策である電力不足の解消に関連した電力支援計画も含まれており、まずは経済統合をめざすとする金大中、盧武鉉政権時の太陽政策の焼き戻し政策を提示したのではないだろうか。国連安保理の最大限の経済制裁がつづく中、文大統領は国連制裁とは関連のない支援と制裁解除に向けた環境づくりをすぐにでも実施していく意向であることはまちがいないだろう。

文大統領は6月21日にロシアを訪問した際、ロシア下院で「シベリア鉄道が私の育った釜山までつながることを期待している」と演説し、北朝鮮経由してシベリア鉄道を韓国まで連結する構想を披歴するなど、ロシアと北朝鮮との経済協力に前のめりになる姿勢を見せた。この構想は、あくまでも北朝鮮の非核化と経済制裁緩和または解除が前提である。この構想に潜むリスクも指摘されているが、中国の「一帯一路構想」を相互に補完しあう構想であるとともに、文大統領はロシア、韓国、北朝鮮の3者による鉄道やエネルギー、電力の協力は、北東アジア経済共同体の堅固な土台になると強調した。先に述べたとおり、文大統領は南北両国の共存共栄をめざす朝鮮半島新経済協力ロードマップを掲げており、鉄道やエネルギー網のロシアや中国との連携事業はその柱となる。プーチン大統領もロシア極東地域開発の観点から歓迎する意向を示している。

このような文大統領の動きは、従来の日・米・韓を中心とした太平洋経済圏をベースにしたものから、中国とロシアを加えたアジア大陸経済圏に軸足を移す方向に動きはじめたように見える。しかしながら、韓国が、海洋国家戦略に舵を切り、海洋政策を重視し、貿易立国として経済力を著しく伸長させたことを忘れ、目先の力学的・経済的利益に傾斜する半島国家戦略に先祖返りすることが、はたして正しい選択なのであろうか。これは、海洋国家と大陸国家のはざまで揺れ動く半島国家の宿命なのかもしれない。

（8）準軍事組織となった中国海警局

北朝鮮の核・ミサイル問題に日・米・韓はじめ国際社会が目を奪われ、安全保障問題で北朝鮮が国連安保理での非難・経済制裁決議などの矢面に立っているあいだに、習近平政権の中国は軍事体制の拡充をつづけ、南シナ海などの軍事拠点を着々と強化している。また、２０１８年3月21日、人民武装警察部隊に編入した中国海警局を、最高軍事機関である中央軍事委員会の指揮下に置くとともに、これまで中国海警局を指揮運用してきた国土資源省国家海洋局を新設の自然資源省に統合する一連の組織改革をおこなった。

この組織替えにより、海上保安庁は今後、人民武装警察部隊（準軍事組織）として位置づけられた中国海警局との

【参考】中国人民武装警察部隊

人民武装警察法では、同部隊は、国家が付与した安全防衛任務および防衛作戦、災害応急修理、国家経済建設への参加などの任務を担い、合同作戦においては人民解放軍と歩調を合わせて重要目標物の防衛、国境の閉鎖、難民のコントロール、地域における機動的な支援などをおこない、戦区後方で社会の秩序を守る作戦行動をとるとされている。

この武装警察部隊の徴兵および組織は、中国兵役法と国防法の適用を受け、武装警察部隊は軍に準ずる扱いと軍人としての待遇を受ける。これに対して、公安部民警察（辺防部隊、警衛部隊、消防部隊など）はあくまで公務員としての待遇である。

武装警察部隊は準軍事組織のため、制約の多い人民解放軍と異なり、国外から容易に最新の装備の調達が可能であり、各国の文民警察組織との交流もさかんで、その装備・訓練は欧米や日本からの影響を強く受けている。警察とは言うものの軍人として位置づけられている一方、人民解放軍と比較すると、人民が居住している中に分散して配置され、社会と幅広く接触しており、人民解放軍が「養兵千日用兵一時（兵を千日養うは一時のためである）」に対し、武装警察部隊は「養兵千日、用兵千日（兵を千日養い、千日用いる）」と言われている。

対峙を迫られることとになり、尖閣諸島を中心とした東シナ海などでより厳格で慎重な海上安全保障問題に、直面することを覚悟しなければならなくなった。中国海警局の所掌は、海上違法犯罪活動の取締り、海上の治安維持、安全防衛（対テロなど突発事件への対処、重要施設の防護、難民管理・統制その他の安全防衛任務）、海洋生態と環境の保護、海洋漁業管理、海上密輸の取締りなどで、国家海洋局指揮下のときとほぼ同様だとされている。

なお、米国コーストガード（沿岸警備隊）も、陸軍・海軍・空軍・海兵隊の軍事組織の中で第５軍と位置づけられており、当初は脱税や密輸対策、麻薬捜査が大きな比重を占めたため、財務省の所管だったが、その後、運輸省に移管、同時多発テロ事件以後は国土安全省に移管されている。第２次大戦時には海軍とともに従軍しており、現在も軍事基地、軍通信施設などは供用されており、準軍事組織と理解されている。また、海上警察権を行使する法執行機関であると同時に、アメリカ軍の一部門であり、戦時下においては議会または大統領命令により海軍の一部門に編入される。

武装警察部隊に編入され、中央軍事委員会の指揮下に置かれた国家海警局を、習近平政権が今後いかに指揮運用するのか、注視していく必要がある。

【コラム】北朝鮮燃料油に関する海上保安庁の対応

１９９５（平成７）年に発足したＫＥＤＯ（朝鮮半島エネルギー開発機構）による北朝鮮への重油年間50

万トンの供与が、２００２(平成14)年、北朝鮮の核兵器原料(濃縮ウラン)生産計画発覚により、停止された。国際社会からの重油供与が停止された北朝鮮国内のエネルギー状況は厳しくなり、その不足分を充当するため、あらゆる手段を講じるようになった。

その一つに貿易貨物船の活用があった。北朝鮮のマツタケ、朝鮮ニンジン、シジミなどの農海産物を積んだ貿易船は、日本の各港に年間数百隻が入出港していたが、その動向を監視していた海上保安庁は、重油供与停止以降の北朝鮮貿易船の一部に、ある変化があることを認知した。それは、貿易船が北朝鮮を出港する際、日本の港までの片道分の燃料油しか搭載せず、日本を出港する際に燃料油を満載して戻ることだった。これは、北朝鮮の貿易船が日本の領海内において燃料油欠乏で漂流し、海上保安庁に救助を求めた海難事故の調査により判明した。

この変化は、２００３年頃から散見されるようになり、年々増加する傾向にあった。海上保安庁は詳細なデータと情報収集を実施、税関当局と協議し、経済制裁の抜け穴になる恐れもあることから、現行の関税法令を厳格に執行することに踏み切った。通関手続き上、船舶搭載燃料は船用品扱いとされ、当該船舶が自船の航行のために使用・消費するのであれば、燃料タンクに満載することも可能である。しかし、北朝鮮貿易船に関しては帰国後、陸揚げや他船へ転載の可能性もあるため、２００４年3月以降は税関の通達により日本から北朝鮮までの片道航海分の数量に限り船用品扱いとし、同量を超える場合は正規の輸出貨物として取り扱うという方針となった。正規の輸出貨物とした場合、通関手続きが必要となり、通関代理店に支払われる申告手数料(燃料代の約10〜15％)が必要となるとともに、通関手続きにも時間を要することとなる。

最近の北朝鮮の重油などのエネルギー事情を見ると、トランプ大統領の対北朝鮮政策の激変で、国連安保理の最大限の経済制裁発動に伴い、中国からの重油などの輸出が制限されたことで、必要量の供給が難しくなっている。そのため、東シナ海など公海上での外国船籍タンカーからの燃料油の瀬取り作業が確認されている。また、万景峰号によるナホトカ航路再開による燃料油確保の動きもあり、北朝鮮に対する燃料油に関する経済制裁は相当な効果をあげていると想定できる。

第4章

文明史から見えてくるもの

1．文明史的アプローチ

（1）「文明史的視点」と「海洋からの視点」

本書を構想するうえで「文明史的視点」と「海洋からの視点」という二つの視点が、私の中では重要なキーワードになっている。この考えのヒントになったのが、中西輝政氏（歴史学者、政治学者、京都大学名誉教授）の著作『国民の文明史』と、大島襄二氏（文化人類学者、関西学院大学名誉教授）の論文「「陸の理論」と「海の理論」」である。

中西氏は「文明史的視点」について次のように述べている。

日本が東アジアで21世紀をどう生きていくかという問題を考えるとき、文明史的視点はきわめて重要であり、（中略）アジアには「海洋のアジア」と「大陸のアジア」の二つがあるということ、さらにこの「海洋のアジア」と「大陸のアジア」の分断線は非常に重要な文明の切れ目であり、紛争の起こりやすい場所だということだ。今、そのことが注視されるのは、韓国は従来から日本、アメリカとの繋がりを保って「海洋のアジア」としてとどまるのか、それとも中国の影響が対馬海峡まで及んできて「大陸のアジア」になるのかである。そのことは近年の米韓関係の悪化と中韓の接近を見て、アメリカが非常に気にしはじめていることがらである。

この文明史的視点は、東アジア各国の国家戦略を分析し、それらの国々と今後どう向き合っていくべきかを考えるうえでひじょうに役に立った。

大島氏は論文で「海洋からの視点」の重要性を述べている。これは私も強く感じていたものの見方である。

モンゴルの日本侵攻の失敗は結果的には「神風」のお蔭となりますが、台風を知らなかったということは実は「海を知らなかった」という一言で決めつけてもいいでしょう。草原の戦法は海では通じなかったのです。モンゴルだけではありません。陸の理論は海には通じない、それだけのことです。そして地球上の三割の面積であるに過ぎない陸の知識を極めたからといって、残り七割についての知識の不備さに無神経であることは、これからの学問において、一番気になることです。

文明史に関する学術論文であるが、文明は陸だけでなく海も含めて研究・議論しなければ、総合的・全体的には理解できないものであることを論説したものと、私は理解している。

一般の人たちは陸から海を見ているが、海上保安官をはじめ海事関係者は、日常的に海から陸を見ており、ものごとを海から発想できる人たちである。

たとえば、戦国時代、種子島に漂着したポルトガル船が積んでいた火縄銃が、なぜ摂津の堺に運ばれ、その後、堺が火縄銃の一大生産地になったのかを考える際、私は種子島と堺の間に「海の道」があるのではと考える。そして、その「海の道」は、潮流、海流、季節風などを考えれば見えてくる。

次に、なぜ堺商人がこの海の道を利用して、東南アジア、中国大陸をめざしたのかを考えてみる。当時この方面の交易は博多商人の寡占となっており、利益を得るためには博多商人を経由しない交易ルートを確保する必要があった。この新しい交易ルートの途中に種子島があり、そこで偶然にも火縄銃を発見し、武器商品として堺港に持ち帰り、それをモデルに試行錯誤のうえ、製造・製品化したものではないだろうか。

（2）インテリジェンス活動のベースは？

民族や国家を考えるとき、その集団の文明（生活習慣、国家の成り立ち、宗教など）の歴史や特徴を理解しなければ、その行動原理を理解することはできない。また、集団の行動原理は、地理、気候、風土、自然環境、周辺他民族との関係などによって形成される。要するに、生活の中で育まれた長い歴史の積み重ねに起因するものであり、根本的には今も大きく変わっていない。よって、集団の行動原理を研究することは、今後の東アジア諸国、とくに中国・韓国・北朝鮮に対するインテリジェンス（情報）活動のベースとなると考える。

マキアヴェリの政略論にも「過去を見ながら将来を予測したいと思えば、その地方の住民の長期に渡って、どのような長所と短所を持っていたかを調べればよい。要するに昔ケチであれば、今でもケチであり、狡猾ならば、いつになっても狡猾なのである」とある。中華民族と朝鮮民族についても文明史的考察を大きく誤らなければ、東アジアの大局分析は誤らないのではないかと考える。

ここでいうインテリジェンス活動とは、インフォメーション（データ、ニュースなどの情報）を精査、または組み合わせることによって、対象の概念を描き、さらに文明史的アプローチから得られた行動を下敷きにして、対象の全体像を描き出すことである。

このようなインテリジェンス活動は、それなりの教育・訓練などを受け、実務経験を経なければ難しいと考えるが、先述（63ページ）した黒田勝弘氏や次節（１０４ページ）で紹介する古田博司氏がおこなっている分析は、まさにインテリジェンス活動であると考える。両氏とも朝鮮語（韓国語）が堪能で、朝鮮族の文化・歴史に精通し、つねに現代の国情・政治情勢を収集している。黒田氏は現在も韓国で暮らし、研究活動を継続しており、古田教授は毎日大学院生といっしょに、北朝鮮の「労働新聞」を読んでいると聞く。政府機関としては、インテリジェンスの専門職員を育成する教育・訓練機関を創設し、積極的に対象国と地域の専門職員を育成しなければならないと考える。

日本政府には外国のような情報機関は置かれていないが、戦後、内閣情報調査室が設置され、同室長が総理大臣、官房長官などにインテリジェンスの成果を説明している。また、１９９８（平成10）年10月に設置された内閣情報会議のメンバーは、内閣官房、警察庁、外務省、防衛庁（当時）、公安調査庁、内閣危機管理監、内閣情報官であったが、外国政府の情報機関と比較すると十分とは言えない。しかし、情報収集衛星打上げとともに、行政機関の情報活動における縦割り行政の弊害の解消、国家としての情報機能強化を目的として再編され、新たに金融庁、財務省、経産省、海上保安庁が加わった。経済活動におけるインテリジェンス活動の必要性を考えれば、経済官庁がメンバーに加わったことは誰でも理解できるが、注目すべきは、この内閣情報会議メンバーに海上保安庁が加わったことである。海洋国家日本の政策策定部門に「海の理論」を加味する必要性を、政府が認識したということである。

ちなみに、海上保安庁は以前から幹部教育機関の第2外国語として、ロシア語、中国語、韓国語を教育するとともに、海上保安官を外務省在外公館へ派遣したり、本庁と管区本部に警備情報課を設置するなど、インテリジェンス能力の強化を推進している。さらに、組織として情報の保全が不十分な組織は、外部組織との情報交流と情報交換ができないため、情報保全教育を徹底し、秘匿通信設備など機械的情報保全などにも努め、国内外の情報機関との情報交換に努めている。

安倍内閣は日本版の国家安全保障会議（NSC）を設置し、内閣情報会議メンバーを拡充することで、国家情報収集活動や情報の一元化を積極的に進めているが、さらに踏み込んで、対外人的情報収集に携わる専門家の養成を検討していると聞いている。NSCの事務局である国家安全保障局では、担当地域を同盟国、友好国などに区分けして情勢分析を実施している。加えて、知る権利を侵すとの批判があるものの、国家機密情報を保全するため、防衛・外交・スパイ防止・テロ活動防止の4分野で安全保障に支障の恐れのある情報を保護する法律を制定・施行させた。

余談であるが、『旧約聖書』に「神はスパイを祝福したまう」という教えがある。「出エジプト記」においてモーセが約束の地カナンにユダヤ人を導こうとする際、神はモーセにカナンにスパイを派遣して、かの地の実態を調べよと命じ、どんな人間がスパイや情報収集に適しているか、その人物論まで詳細に指示している。欧米においては、神が秘密情報に言及するほど、情報収集をこの世の生存と来世の救済にかかる重大事としていることを認識しなければならない。

その伝統は、近現代でも受け継がれている。近代の大英帝国と現在のアメリカが海洋を支配して世界の覇者となったのは、「海軍力」だけでなく、「情報力」があったからで、情報力は海洋国家にとってはもちろん、弱者にとって最大の武器となるものである。たとえ海洋国家の長い海岸線を防衛する強力な海軍を整備しても、敵がいつ、どこから、どんな戦術で攻撃してくるのか察知できなければ，的確で効果的な武力行使は困難である。必要最小限の専守防衛的海軍力なら、なおさらである。

ＩＴ時代においては情報力の重要性はますます大きなものとなり、情報という「無形の物」に資金・資源を投入して情報力を強化し、加えてその管理能力(防諜能力)を強化しなければならない。国家防衛力のみならず、経済力を維持するためにも情報管理能力は必要であり、産業生産技術の機密保持が万全でなければ、機密の漏洩による影響で経済力は減退することになる。

2. 民族の行動原理を読む

(1) 華夷秩序がもたらした朝鮮民族気質

私は、１９８８年のソウルオリンピックをはさんで3年間、韓国で勤務した。その経験から、朝鮮民族の歴史と民族性、韓国人の歴史認識に興味をもち、さまざまな書物を乱読した時期があった。その中で、古田博司氏の『朝鮮民族を読み解く』という文庫本が目にとまった。読みはじめると、私の経験した韓国人と朝鮮民族に対する疑問は、推理小説の謎解きを読んでいるように解きほぐされ、一気に読破した。

古田氏の目線は韓国に住んだ経験をもつ生活者の目線であり、韓国人を突き放すものではなく、隣人としての友情が感じられる記述が多く、私はそこにも共感した。現在の韓国人(朝鮮民族)気質を理解したいと思うならば、ぜひ一読したい書籍である。私に同書を解説する力はないが、朝鮮民族の「日帝三十五年」に対する反日感情の精神的根底を、誤解を恐れず要約すれば、古田氏は次のように読み解いているのではないだろうか。

半島国家である朝鮮民族国家は、当時、大陸国家である強大な国力の中華帝国の圧力を受け、国家生存のためには中華帝国の華夷秩序の枠組みに入らざるをえない環境であった。華夷秩序は内部に近いほど文明的であり、外縁ほど野蛮であるとする枠組みであるが、その秩序関係の中で、自意識の高い朝鮮民族は、武力ではなく、文明力によって対抗した。華夷秩序の中心部ではないが、思想的には中華文明(儒教など)を忠実に規範する文明国家をめざし、朝鮮国内を統治した。その後、中華帝国(漢族明朝)は朝鮮民族が軽蔑していた北狄の満州(女真)族によって中原を奪われ、清朝が建国されると、朝鮮民族の心理は屈折した。それ以降、中華文明の継承者は朝鮮民族であるという「小中華意識」が強くなり、清朝に力で抑えこまれる分だけ、中国本土と他の地域より文明的には上位であり、他の地域を蔑む心理的波及効果が生じた。李氏朝鮮王朝は清朝に表面的には屈服しながらも、中国本土以上に儒教体制国家として官僚化された専制国家を五百余年つづけた。この時代に形成された心理は、民族的体質となった。

以上が私なりの要約であるが、古田氏はさらに、戦後分断された北朝鮮の「主体思想」にまで民族性が影響を及ぼしていると述べている。その部分を引用したい。

現実世界としては、「禽獣」と侮蔑する女真族の家来にならなければならない、小国としての現実がある。ところが精神世界の方は、頭の中で明への事大の礼を奉じて清を成敗し、漢族の文化を受け継ぐ大国の如き夢を描いていたのである。（中略）小中華意識の背後にあるもの、それは精神的勝利により生じたプライドが保証する、限りない安心感、楽天主義なのである。小国の現実と大国の如き楽観の分離、現実世界と精神世界の遊離、これこそ朝鮮民族の中世に手に入れた最大の勝利である。これが国家規模で顕現している例を、我々は現在の北朝鮮に見出すことができる。なぜならば、北朝鮮の「主体思想」とは、北朝鮮の建国の際に全面憑依し、純粋に実践し、果敢に社会改造をおこなった、その理論的主柱であったソ連製スターリニズムの「小中華」段階であると解釈できるからである。

金正日は次のように言う。

「全人民が党と首領の周りに鉄のように団結し、信心と楽観にあふれて、闘争し生活しているところに、我が国の社会主義の強固さと不敗性の源泉があり、いかなる風波、試練もくぐり抜け、主体革命の偉業を最後まで完成させることができる確固たる保証があるのです」

全世界的に社会主義国家がつぎつぎに崩壊した今日、北朝鮮は社会主義の正統性を堅持すべく、「小中華思想」で外界から身を鎧い、内側には「楽天主義」という夢の糧を振りまいているのである。

以上のことから、韓国と北朝鮮、すなわち朝鮮半島の精神的民族性は、大陸国家中国の華夷秩序の中で生成されたものと考えられ、対朝鮮半島政策のインテリジェンス活動の基礎情報とすべきものである。

（2）儒教社会と宗族社会

中華帝国と朝鮮民族国家との関係を文明史的に読み解くうえで、重要となる要素は、この地域が儒教社会と宗族（そうぞく）社会であるということである。

儒教は紀元前5世紀の中国の思想家・孔子による思想で、当時混迷していた中国社会の秩序を維持する社会倫理と人間道徳律として提唱され、中国全土と周辺国に伝搬した。儒教は、人間の尊ぶべき徳性である五常（仁、義、礼、智、信）、人間関係を円滑に維持する教えの五倫（父子の親、君臣の義、長幼の序、夫婦の別、朋友の信）をもって人間生活を維持すれば、社会は平和（正常）に機能するという思想である。中国の元来の宗教は先祖崇拝であり、儒教は宗教であるとともに、政治思想でもある。

また、宗族とは父系血族集団のことであり、同じ先祖を共有する男系集団である。儒教社会である中国と朝鮮半島は伝統的に宗族社会であり、国民国家の形態をとる現在でも、宗族社会を色濃く残している。このように国家と宗族の関係を説明しても、日本人には理解し難いかもしれない。

宗族社会を私の理解の範囲内でかんたんに説明すると、国民（個人）は国家と直接つながっておらず、宗族とつながっており、国家とは宗族を介してつながっている社会である。要するに、個人にとって宗族のルールは絶対であり、国家のルールはその次ということである。国民国家は、全国民の総意で建国するが、中華帝国と現代中国の建国に国民（住民）は直接関与しておらず，大韓民国も朝鮮戦争後、国連監視のもと、南のみで単独選挙を実施し、その後憲法を制定し、大統領を選出した。つまり全国民の関与希薄の状態で建国されたのである。

宗族社会を理解するための有名な言葉に、現代中国建国の父・孫文が述べた「中国の社会には家族と宗族はあっても、国族(国民意識)なし。民族的団結がない流砂のような状態だ」がある。中国は国民投票による政府統治でなく、共産党単独統治国家であり、近代国民国家が形成されていない状態である。当然、朝鮮族社会も含めて宗族関係はいぜんとして存続している。

先に紹介した古田氏の著書によれば、宗族関係が存続する社会では、国民国家という政治形態のもとでは、民族(国民)、宗族、個人の3者いずれを基準とするか、という問題をかかえることになる。民族(国民)主義、宗族利己主義、個人主義が混在しており、為政者すら宗族利己主義と国民の福利にはさまれ、どちらかの選択をせまられたときには、宗族をとらざるをえない。その宗族の一部が経済問題を起こし、政治家の汚職問題(中国共産党中枢部幹部および韓国大統領の宗族による汚職問題など)に発展することが頻発するのは、このことが背景にある。

北朝鮮の主体思想は先述したとおり、「首領の権威は絶対であり、すべての人民大衆は無条件に従わなければならない。肉体的な生命は生みの親が与えるが、政治的生命は首領が与えるもので、首領は政治的生命の恩人であり、父と同じである。したがって、父のまちがえで家が傾くと言って、父を変えることができないように、首領は変えることができないのである。全人民は団結して無条件に忠誠を捧げなくてはならない」と提唱し、これを人民統治思想としている。宗族と民族(国民)国家という二つの楕円の中心に金日成(首領)を核として一点に収斂することにより、統治システムをつくりあげた。儒教国家・宗族国家にとっては宗族社会のコントロールが困難で厄介な問題であるから、このような主体思想による統治システムを導入したのではないかと想像される。

中国、韓国、北朝鮮では、さすがに父系血族集団だけでは社会生活は機能しがたい点も多く、血縁以外にも地縁(出生地関係)、利縁(利害関係)、業縁(同じ目的で行動する仲間関係。たとえば宗教集団など)どうしで集団化して、自己領域とその他の領域に峻別する社会慣習があると聞く。また、自らが属さない領域の者はすべて敵であり、宗族社会は他集団との信用関係の欠如と弱肉強食の世界感をもちつづけている社会構造だと考える。

近代的国家の形態と、儒教・宗族関係を同時に色濃く残す中国、韓国、北朝鮮を理解することは、国の成り立ち、文明的歴史などを学習しなければ、困難な作業である。逆にその相手国の立場に立って考察できれば、なぜそのように考え、行動するのかを推測でき、相手国と交渉するにあたって有効である。そのためにも政府のインテリジェンス活動は重要であり、専門家を養成し、専門機関を国家組織として創設し、専門家の眼を通して外交、防衛などの重要政策を立案する必要性がある。

(3) 中国の行動原理

現在、「中華人民共和国」という国家と「中国人」という国民が存在するが、中国大陸の長い歴史の中で、過去に「中国」「中国人」という国家と民族は存在したのだろうか。

中華帝国時代からこの広大な中国大陸には、個人と家族(宗族)が住み、人々は個人とその家族だけを頼りに集団生活を営んでいた。その中に中国歴代王朝という統治者はいたが、この王朝は民族の集団ではなく、武力によって権力を掌握して地域を占有した者であった。言語と生活文化のまったく違う少数民族が居住する広大な多民族エリアの中に、権力をもって統治する王朝が誕生したが、その王朝はどのようにこのエリアを統治して、国家経営、維持したのだろうか。私は、儒教思想と力による統治と強制的納税による王朝の経営・維持をおこなっていたのではないかと考えるが、はたしてこれだけ多くの他民族を継続的に統治できるものか、疑問が残る。

このような疑問をかかえて、中国王朝の支配の行動原理について試行錯誤している中、東洋史学者の岡田英弘氏の『この厄介な国、中国』(ワック)に答えを見つけることができた。その内容の一部を引用する。

たしかに中国歴代王朝は存在した。私はそれを否定しない。しかし、この王朝がはたして現在の日本人が思うような意味での国家であったかと言えば、それは違う。そもそも中国における王朝というものは、民族の集団ではない。歴代王朝はすべて皇帝ただ一人の占有物、私有物であった。そして、その皇帝とは中国人民の支配者でもなかったし、また、中国大陸の土地の所有者でもなかった。では、中国の皇帝は何を所有していたのか。それは中国全土に張りめぐらされた流通システムなのである。つまり、中国皇帝はいわば総合商社の社長のような存在であったというのが、私の見方なのである。(中略)こうした商業ネットワーク・システムを「帝国」の形にしたのが秦の始皇帝であったことは言うまでもないが、ほんとうの意味での帝国を完成したのは、漢の武帝である。武帝は、中国史上最大の事業家と言ってもいいだろう。始皇帝が考えたのは、封建制から郡県制への転換である。中国における「封建」とは、皇帝が各地方都市(マーケット)に自分の任命した管理者(知事)を配置するという意味であるが、この知事の仕事は代々世襲であった。それでは不都合が多いというので、始皇帝は知事を一代限りにした。これが郡県制である。郡県制の「県」とは、皇帝直轄の都市という意味である。

（中略）県の中では定期市が開かれるわけだが、この定期市に参加して商売したい人間は、まず市場の組合員になる必要がある。城壁都市の四つの壁面にはそれぞれ頑丈な扉がついた門があり、その内部全体が市場になっているのだが、そこには管理事務所とでもいうべき県庁がある。この県庁を訪れて、この城壁の中で商売をするための登録をする。

（中略）ところで、この組合員の支払う「租」は実は皇帝の収入にはならない。マーケットを管理する役人や、都市を防護するための軍隊の維持に充てられ、皇帝の私的な収入とは別扱いになる。皇帝の個人的な収入になるのは、都市の城門、あるいは交通の要衝を商人が通過する際に納める「税」によって賄われた。また、皇帝は単にこうした流通税や市場利用税を徴収するだけでなく、自分自身も交易をおこなっておおいに儲けた。中国の歴代皇帝は塩や鉄、絹織物の独占販売権を持ち、それらの商品を各都市で販売するだけでなく、外国にも輸出していた。また皇帝は、こうして得たカネを商人に貸しつけて、利子をとることまでやっている。

当時の徹底した合理的経済主義による統治支配システムに感心させられると同時に、同大陸に住む人々の商業的精神性(利にさとい人々の行動原理)を、改めて理解することができた論説である。ある論者によれば、中国大陸における個人の行動原理は、徹底した個人利己主義、宗族利己主義であり、個人の行動原理は、利の有利なほうに動く。対集団関係では力の相対関係で決まり、組織全体で利益を拡大する方向に動く。それ以外の原則は存在しないと言い切る。

中国は2013（平成25）年に「一帯一路」構想を打ち出し（78ページ参照）、アジアインフラ投資銀行を設立した。この二つの構想は、中華帝国が中国全土に張りめぐらされた流通システムを統治し、そのシステムを使用する者から流通税・市場利用税を徴収するとともに、皇帝自らも交易し、おおいに儲けた経済統治制度を思い出す。この二つの構想は、まさに中華帝国システムの再興をイメージして政策として打ち出されたものではないだろうか。

中国大陸に居住する民族の集団的性格と性癖は、長い時間をかけて身についた特徴であり、今日でもその特徴をＤＮＡ的に保持している。その特徴をベースに、現在の中国共産党中枢の人々を読み解くと、日本人が考えるよりもはるかに「利益を拡大」する方向で物事を考えている。彼らの行動基準は、共産党支配の前提となる国内の安定を保つために、国全体の「富」を増す方向が第一となるのであろう。

また、私は、中国国家と中国文明に対するつきあい方を、改めて考え直す必要があるのではないかと考えている。

現代の日本の政治家や外交官は、中国に対する情勢判断、たとえば尖閣諸島の領有権問題、靖国神社問題、中国の海軍力増強問題などをめぐる対応に関して、中国に対する過信・錯誤・誤解などによりまちがった政策判断を繰り返しているように思えるからだ。

中国と中国人がとる日本に対する過激な反応に、驚愕させられることがあり、いつまでも燻りつづける歴史認識などの火種に関しても、中国は日本人にとってきわめてわかりにくい国家、民族だと感じている。この点に関して、どのように考え認識すべきか思い悩んでいたが、『対談　中国を考える』（司馬遼太郎・陳舜臣）にその答えを見つけた。
司馬氏は語る。

中国をあまりにも「漢文的世界」で捉えようとした点にあるのではないか。現代日本の政治家や外交官がしばしば中国について犯す情勢分析の甘さや判断ミスは、頭で描いた「漢文世界」のコードで現実の複雑さを単純化するか、単純さをあえて複雑化する点にある。むしろ、中国の海軍力の増強や尖閣諸島の問題をめぐる暴力破壊行為で改めて確認すべきは、現実の中国のほうは日本人にとってきわめて分かりにくい民族で、アメリカ人のほうが日本人には分かりやすいくらいだ。こうなると日本人にとって、下手に中国を理解しようと思う姿勢をとらないでいるほうが、かえって便利なように思う。

また、二人は、
自分の生き方を変えない中国人、変える日本人という個性の違いなのかもしれない。
と、明治維新に見られた方向転換の早い日本と、過去を切り落とすために連続革命を必要とする中国との差異を強調する。さらに、辛亥革命、国共内戦、日中戦争、中華人民共和国成立まで考えると、不断の革命の歴史であった。大躍進や文化大化革命はもとより天安門事件やチベット問題を見ても、かつて毛沢東が語ったように革命は永遠につづくという重い感覚が、中国人の理念への過剰なこだわりを生み出しているのではないか。今やそのこだわりは、共産党独裁による資本主義という世界史でも最もいびつな体制を維持するために、反日を理念と現実の双方で揚げざるをえない。尖閣諸島を「革新的利益」と位置づけ、東シナ海のヘゲモニーをとる動きは、中国では火がついても炎が出るまで時間がかかる例であろう。

と、語っている。そして、

さながら中国帝国のように周辺に膨張をつづける圧力を、日本は正面から跳ね返す意思と歴史観を正しく身に着けるべきであろう。

と、両者の対談後、解説者は総括している。

要するに、中国と中国人は現在も、古代からの中華思想と易姓革命思想という世界観の中で生きつづけている、と考えるのが妥当であるということであろうか。

「近代日本の発達ほど世界を驚かしたものはない。その驚異的発展には他の国と違ったなにものかがなくてはならない。果たせるかな、この国の歴史がそれである。

この長い歴史を通じて一系の天皇を戴いて来たという国体を持っていることが、それこそ今日の日本をあらしめたのである。

私はいつもこの広い世界のどこかに、一ヵ所ぐらいはこのように尊い国がなくてはならないと考えてきた。なぜならば、世界は進むだけ進んでその間幾度も戦争を繰り返してきたが、最後には戦闘に疲れる時が来るだろう。そのとき人類は必ず真の平和を求めて世界の盟主を挙げなければならない時が来るに違いない。

その世界の盟主こそは武力やお金の力ではなく、あらゆる国の歴史を超越した、世界で最も古くかつ尊い家柄でなくてはならない。世界の文化はアジアにはじまってアジアに帰る。それはアジアの高峰日本に立ち戻らねばならない。

我々は神に感謝する。神が我々人類に日本という国を作っておいてくれたことである」


これは1922(大正11)年にアインシュタインが日本を訪問したときに、当時の日本と日本人に対して語ったメッセージである。アインシュタインが見て感じた日本は、現在も残っているのだろうか。先の敗戦後に、目に見えない文化・精神的な知的財産の喪失があったと言われており、それは戦後失ってしまった大事なものではないかと思えてならない。

第5章

日本の海洋戦略的動向

1. 海洋管理の時代

(1)「海洋自由の原則」から「海洋管理の原則」へ

近年、各国の海洋政策が大きく変化した背景に、１９９４(平成6)年の「海洋法に関する国際連合条約」(略称「国連海洋法条約」)の発効がある。この条約により、それまでの「海洋自由の原則」から「海洋管理の原則」に変わったのである。また、１９９２(平成4)年のリオ・デ・ジャネイロ地球サミットで採択された「環境と開発宣言」と「持続可能な開発のための行動計画アジェンダ21」により、海洋を人類共有の財産として総合的に管理する方向に大きくシフトした。

沿岸国の海域管理の拡大(領海、排他的経済水域(ＥＥＺ))は、各国の国益に直接影響するものであり、隣接国との利害調整が外交問題化し、対立・衝突の火種になりやすく、関係各国間の合意形成が困難な問題となっている。

この問題を約50年前の１９６５(昭和40)年に予言した論文がある。高坂正堯著『海洋国家日本の構想』である。その一部を引用したい。

私は海の開発の重要性を強調したい。今まで、海は資源としての価値をあまり持たなかった。海はきわめて多様な資源を秘めながら、人間にその門戸を開放してこなかった。しかし、最近潜水技術の進歩、原子力などの巨大なエネルギーの開発、種々の海洋調査技術の進歩によって、その開発の可能性を示しはじめた。

（中略）海の鉱物資源の開発も次第に実用化してくるであろう。そして、それとともに国際法の原則であった海洋の自由という原則は不十分になりはじめるであろう。この原則は、海洋が軍事的な意味と貿易のための公道という意味しか持たないときには妥協した原則であった。しかし、今や海は資源としての意味を持ちはじめ、その重要性を増していくであろう。それは今までの海洋の国際法秩序に衝撃を与えるものである。

（中略）それは、国際秩序の問題であると同時に、日本の国民的利益の問題である。海は残された最大のフロンティアとして、今後重要性を増大させてくるであろう。その場合、日本がその国民的利益を守るにも、国際秩序の建設に参与するにも、海洋の開発に積極的に参加しなくてはならないのである。そして、そのためには大規模な科学的基礎調査を必要とする。しかし、海洋の開発にあたっては、他の場合とは比較にならないほど多額で、私企業の投資ではとうてい不可能な調査投資が要求されるのである。なぜなら、海は誠に広大で、その調査には著しい費用と人材を必要とするからである。

このように論じ、海洋開発は私企業だけに任せるものではなく、国家プロジェクトとして取り組む意思がなければならない、と指摘していたのである。

（２）海洋資源開発は国家管理で

海はきわめて多様な資源を秘めているが、その開発にはさまざまな困難があった。しかし、潜水技術、海洋調査技術の向上とデータの蓄積技術、解析技術の進歩により、海底鉱物資源などの開発が現実化されるようになってきた。しかし、海洋開発・海洋活動には、多額の予算と多くの分野との協力が必要で、収益性を考えると、一企業で取り組むには非常に困難な事業である。

加えて沿岸国は海洋資源確保という国益のため、排他的経済水域（ＥＥＺ）などへの海洋開発に進出をはじめており、それに伴い隣国どうしの海洋権益が衝突するなど、海洋秩序問題、究極的には国家の防衛問題にもつながってきている。

海は公共財であり、個人の所有物ではないので、海洋は国家が総合管理することが大原則である。したがって、海洋資源開発は基本的には、国家プロジェクトとして取り組むべきであり、国家が前面に出てこなければ完遂できない事業である。

民間企業による海洋資源開発は、利潤の追求が基本だが、国益を追求する使命ももつため、たとえ民間企業が国家の技術力を上回っていたとしても、すべてを民間企業に任せるには、負担が大きく、リスクの高い事業である。

小規模なものであれば、ジョイント・ベンチャー方式の民間企業体で海洋資源開発をおこなうこともあるが、国家など行政サイドは「公共の原則」により、特定の民間企業の事業に直接関与できない。しかし、民間企業が中心となって取り組む場合でも、国家プロジェクトとして位置づけて、国家はなんらかの関与をすべきである、と私は考える。海洋資源開発はそれほど重要な事業である。

こういった国家成長戦略の具体的政策の方策として「国家戦略特区」があるが、海洋分野においても「海洋開発特区」を設定することが政策として必要ではないかと考える。海洋には漁業権との調整、海事関係法令の規制、海上事故時の対応など陸上とは違う規制もあり、開発には多大なコストと時間を要する。

したがって、「海洋開発特区」制度では、①政府の出資、②法的規制の緩和（海事関係法などの手続き緩和）、③漁業権など海面使用権の調整の一元化・簡素化、④許認可の簡素化、⑤事故への対応、⑥国際事案発生時の対応、などを盛り込むべきである。特に⑤⑥に関しては、原油の海上流出事故など、大規模な海上災害と国家緊急事態にもつながる可能性があるので、国家的対応策を示す必要がある。

このような状況に対して、政府の内閣府総合海洋政策本部は、ＥＥＺの開発と管理に関して、有識者（学識経験者、経済関係者、開発実務者など）による参与会議「ＥＥＺなどの海域管理の在り方プロジェクトチーム」を結成し、報告書を取りまとめるなど「海洋は国家が総合管理する」との大原則に則り、海洋資源開発などが国家主導の方向で動き出している。

安倍首相が展開する「地球儀を俯瞰する外交」の中には、エネルギー小国である日本の国家運営上の戦略的資源であるエネルギー地下資源の安定的確保が含まれており、エネルギー資源国への積極的外交もおこなっている。国際エネルギー業界では、原油価格低迷により、世界の資源開発投資は最近2年連続で減少しているが、将来的には新興国の需要増加による急激な価格高騰のリスクも顕在化している。他方、石油権益の資産価値も低下しており、海外の資源会社が株式や権益を売却する動きも顕在化している。

日本にとって、今後5年程度は国際的な資源会社の権益を確保するなど、エネルギー安全保障を強化する好機であると考え、「独立行政法人石油天然ガス・金属鉱物資源機構（ＪＯＧＭＥＣ）法」の一部を改正する法案を閣議決定し、第１９２回臨時国会で審議し、２０１６（平成28）年11月11日に成立、11月16日に公布・施行された。この法律改正は、ＪＯＧＭＥＣが出資業務の対象を拡大するなどして、日本の資源開発企業による海外企業買収に伴う財務リスクなどを下支えすることにより、エネルギーの安定的確保を促進するものである。エネルギー地下資源の開発は国家主導の方向に進んでおり、評価できる。

2. 海洋資源開発の外交問題

(1) 処理の失敗例

海洋資源である石油、天然ガス、メタンハイドレート、海底鉱物資源、海洋再生可能エネルギー（風力・波力・潮力など）の開発には、探査とデータ蓄積、技術開発、商業化の実現と投資資金確保などの課題があるが、これらは国内問題として解決可能なものである。

日本における海洋資源開発の大きな問題点は、北方領土、竹島、尖閣諸島など領有権に関連する各国の主張が異なる海域において、海洋資源開発をいかに適正管理するかということである。特に沖縄県の尖閣諸島や東京都の沖ノ鳥島周辺海域では、中国海洋調査船が海上保安庁巡視船による調査中止要求にもかかわらず、調査活動をおこなうことが常態化しており、尖閣諸島の領有権に関する中国側の海上勢力による攻勢はさらに強硬になってきている。

日本の海洋権益を確保するために規制強化が必要であることは言うまでもないが、固有領土の領有権を確保しつつ、その海域の適正管理と秩序維持をおこなうための障がいとして、外交問題が横たわっている。海上での規制実施は、公船によるものとなり、領有権の主張の異なる海域の場合、双方の公権力が直接接触することとなる。つまり外交問題を抱えながらの規制行動にならざるをえず、いかにその規制を実施するかは、国家としての政治的判断と国内外の世論形成、さらに覚悟を要する問題に収斂するのではないだろうか。

外交問題に発展した最近の事件としては、2010(平成22)年9月に、尖閣諸島の領海内で発生した中国漁船の海上保安庁巡視船に対する公務執行妨害事件がある。本件に関して、当時、私があるメディアに投稿した小論文(2012年5月)があるので、その一部を以下に転載する。

■領海警備をめぐる政治主導外交の蹉跌

①海洋は国際法が支配している

日本を含む東アジア諸国の海洋をめぐる動きが、最近激しさを増している。この動きは、遠く離れた海洋での出来事であり、日常社会生活への影響が直接実感されるものでもなく、よほど海洋問題に関心のある人でなければ、継続的に観察することはないであろう。

しかし、報道機関は、最近の中国の海洋進出、北朝鮮の工作船などに関心をもち、または刺激され、海洋問題をとりあげる機会が多くなってきている。その中でも、中国は確実に海洋権益を意識して国家戦略を構築しており、平成22（２０１０）年9月の尖閣諸島領海での中国漁船衝突事件に関する一連の中国政府の動きは、東アジア諸国の海洋をめぐる動きの激しさをハッキリと私たちの目の前に晒したのではないかと思う。

「海洋問題は国際問題である」「海洋政策は国家戦略である」といった現実を、戦後今日ほど私たちに意識させている時期はないのではないか、と感じている。

四面海に囲まれた日本の海洋問題は、国内における事件・事故とは多少視点が異なっている。海上における事件・事故は単なる国内問題の司法・行政手続きによる処理だけでなく、加えて国際政治・経済問題が背景にあり、それらに影響を与えるなど国際性がきわめて強く、国内世論のみならず、国際世論をも配慮した外交・広報処理が必要になってくる。

また、海洋でのルールの大部分は国際条約や国際取り決めをベースにしており、その国際ルールを批准国が自国の法律として国内法にしているに過ぎず、まさに、「海洋は国際法が支配している」エリアであるということを理解しておかなければならない。

②海上警察権の本質

海上警察権の本質は、平時において海軍力に代わって沿岸海域の治安と安全をその国の管轄権にもとづき守るということである。その一部である領海警備の実施対象は、私人による侵犯行為（密航・密輸・密入国・密漁など）から国家の意志による侵犯行為（スパイ工作船など）まで幅があり、それに対する実力行為には警察作用と軍事作用の両方をもって対処することになる。平時、かつ国際法上適法な対処行為であるかぎり、いきなり軍事作用に及ぶのではなく、警察作用で対処するほうが国際紛争になる可能性はきわめて低く、戦後日本国は海上保安庁という海上警察組織を設置し、平時における領海警備を一義的に海上保安庁の任務としているのが現状である。

また、海上保安庁が海上において権限行使する海上警察権は、国際法で沿岸国に認められた権限であっても、日本国の国会にて制定された法律(国内法)の根拠がなければ、権限行使はできない。

このように、国際法と国内法にギャップがあれば、当然、海上保安官は国内法に従い、権限行使しなければならないわけである。国際法で認められている権限が国内法ですべて規定されているわけではなく、極端なことを言えば、国際海洋法裁判所では適法であると判断される海上警察権の行使が、日本国内の裁判所では違法な権限行使となる場合もあるということである。

このような環境の中、海上保安庁は日本国の国益と主権をかけて、海洋という現場で苦悩しながら、海上警察権を行使しつづけている。

③尖閣諸島領海警備と政治主導外交

海上保安庁が業務を遂行する最前線は、国際法に支配されている「海」であり、常に隣接諸外国との外交問題に発展する可能性のある場所でもあるので、政府は前述の①および②を十分に理解して、海上警察力の執行に関する外交案件の処理にあたらなければならない。

このような中、平成22(2010)年9月7日、尖閣諸島領海で発生した中国漁船公務執行妨害事件の処理をめぐって、中国政府との外交問題に発展し、中国漁船船長を処分保留のまま、9月25日釈放して、とりあえず外交問題の処理を急いだ案件があった。

当時、日本国政府の外交能力、危機管理意識が希薄で国益が著しく損なわれたなどの批判がなされた。本件の外交処理方針のどこに問題があったのかについて、専門家の方々が論説しているが、ここでは、なぜ中国政府が日本国政府に対して外交的攻撃をエスカレートさせたのか？　その原因はどこにあるのか？　を考えてみたい。

何事でも最初のボタンを掛けまちがえると、時間がたてばたつほどその誤差は大きくなり、修復に多大な時間と労力を要し、損失が拡大することは人間社会事象の道理であり、今回の外交案件もそのとおりに事案は展開し、エスカレートしたのではないかと思う。

それでは、最初のボタンとは何であったのか？

領海周辺での事件などは、即国際問題であり、外交問題に発展する可能性がきわめて高い事案であり、特に尖閣諸島に関しては機微に触れる外交案件を抱えている海域でもあり、単なる国内問題ではなく、国内向けの対応方針だけでは通用せず、外交的対処方針が必要であり、この際の政府閣僚の発言は「日本国の国家意思」の表明であるということである。

当時９月８日の新聞記事には「外相・粛々対応」「官房長官・厳正に対処」「総理・国内法により厳正に対処」と掲載されているが、首相と閣僚がこのように発言すれば、国家の方針（意志）として相手国が受け取るのが当然であり、中国漁船船長逮捕、身柄検察庁送致・拘留と司法手続きを進めれば、国家の意志は固いものであると確信することも当然である。まして、政権交代して間がない新政権でもあり、交渉のチャンネルも少ない状態ではなおさらである。

この点を踏まえて、すでに外交問題化している案件に対しては、首相、閣僚の発言は外交上の配慮などの含みを残すべきであり、今後の展開をどのように想定し、どのように決着させるのか、シミュレーションをおこない、外交上の落としどころを考えるという国際司法外交などを配慮して、方針を決定するのが政治主導外交ではないかと考える。

今回の場合、中国サイドは北京の外交担当国務員が在北京日本国大使を未明に呼び出し抗議するなどにより、日本国の真意を確認するも、先ほどの外相などと同様の発言を繰り返すにとどまり、ついには国連総会出席時の温家宝首相の対抗措置予告発言、レアアースなどの輸出制限による経済対抗措置などに発展した。

今回の外交案件の蹉跌はどこにあったのか？　掛けちがったボタンは何なのか？　は、誰しも推測できるであろう。その対応が自民党政権とは全く違うと感じ取った中国政府は、これまでにない対抗措置を発動する必要があるとして、日本国政府に外交攻勢をしかけてきたものである。

結果的には中国の本性を現した対応であり、中国政府の正体（海洋覇権主義）を国際社会にさらした効果はあったものの、（以下略）

以上が、民主党（当時）政権時代の政治主導外交に関する私の小論文の一部である。今回の中国の対応振りで、中国の外交がいかなるものかが、明確になった点がある。それは、中国が近代諸国家のような国家主権概念をもっておらず、国際外交問題を国家間の力の相対関係としか考えておらず、尖閣問題のようなまったく事実に反する主張でも、相手が与しやすいと見れば、力づくでも強硬な主張をするということである。隣国との外交問題などは、中国の春秋戦国時代の感覚で実践しようとしているように思える。

この件に関して日本国内の論評として、２０１２(平成24)年12月25日付の読売新聞朝刊に掲載された、元外務次官の谷内正太郎氏(現、国家安全保障局長)のインタビューがあるので、紹介する。２０１２年12月の第46回衆議院議員選挙で民主党が政権を失い、自民党と公明党による第２次安倍政権が発足したときのもので、民主党政権下の日中関係を次のように振り返った。

中国は国内総生産(ＧＤＰ)で日本を追い抜き、世界第2位の経済大国となった。自信を深め、自己主張を強めている。それが、沖縄県の尖閣諸島などをめぐって日本に強硬姿勢を取る背景にある。加えて、民主党政権、特に鳩山政権で日米関係がぐらつき、国際社会から、日本は国力の陰りがあるのみならず、国家の運営に問題が出てきたと見られるようになってしまった。中国は「米国は日本をバックアップしないかもしれない」と考えたのだろう。

外交問題の一連の処理に関する迷走や失敗が、尖閣諸島をめぐる微妙な対中関係問題をより複雑化させ、政府の中国への対応は「毅然」と「融和」の間で揺れた。外交問題の当初の処理方針がいかに重要であるかを考えさせられる事件であった。

(2) 外交による圧力

２０１２(平成24)年12月におこなわれた第46回衆院選は、自民党の地滑り的圧勝に終わった。２９４議席を獲得し、選挙協力をした公明党の31議席を加えると、与党全体は３２５議席に達した。一方、民主党は57議席にとどまり、3年前に奪取した政権を失った。自民党の安倍晋三総裁は、12月26日に国会で首相に指名され、翌年2月の第183回国会で施政方針演説をおこない、その中で新政権の三つの外交方針原則について説明した。一つめは戦略的外交で、日中の戦略的互恵関係の重視、二つめは価値観外交で、いわゆる民主主義、基本的人権、法治主義などの推進、三つめは積極的・能動的外交で、国家の利益を重視し日米同盟を維持する、とした。

安倍政権は第1次政権時の失敗を糧に「安保モード」を封印して、「経済モード」と「民主党政権時に傷ついた日米安保の修復」を政権の重要課題としてスタートした。以後、「地球儀を俯瞰する外交」と呼ばれる外交では、東南アジア重視の姿勢を打ち出し、就任後初の訪問先として東南アジア諸国連合（ASEAN）から3ヵ国を選択、その後の訪問も合わせて構成国10ヵ国すべてを1年以内に訪問した。また、2013年12月にはASEAN首脳全員を東京に招待するとともに、2013年を通して「日・ASEAN関係40周年行事」を開催した。

安倍首相が積極的に取り組んだトップ外交は、日米関係を基盤としつつ、対中国および北朝鮮関係を意識したもので、この地球儀俯瞰外交を通して、自由、民主主義、基本的人権、法の支配といった普遍的価値を広め、尖閣諸島への中国の威圧的行動を念頭に、力による現状変更をもくろむ中国に国際世論戦を挑むことであった、と理解する。また、ロシアのプーチン大統領との首脳会談は、北方4島返還問題・平和条約締結問題がメインテーマであるが、日ロ間では初めて外務・防衛閣僚協議（2プラス2）を開催した。ロシアとの関係強化は、北方の潜在的脅威であるロシアの動きとして、中国には精神的かつ外交的にもプレッシャーとなると考えられる。

この地球儀俯瞰外交を契機として、日本とアメリカ、東南アジアの海洋国家が海洋国家の第1の原則である「海洋の自由航行の確保」を維持するために、一丸となって、海洋の自由を脅かす中国を牽制する行動をとりはじめている。

これに呼応して外務省も、従来の静かな外交姿勢を改め、中国、韓国などの攻勢に対して、国連をはじめ諸外国への外交交渉と国際世論への発信を強化しており、外交力というソフトパワーを高めるため動きが顕著になっている。これも安倍首相の地球儀俯瞰外交の効果ではないだろうか。

安倍首相は、トランプ大統領就任式（2017年1月20日）直前に、東南アジア4ヵ国（フィリピン、ベトナム、インドネシア、オーストラリア）を歴訪したが、この歴訪で安倍首相は、外交戦略の地理的概念としての「インド太平洋」という用語を多用している。地域覇権をめざす中国を念頭に、太平洋とインド洋双方に面するオーストラリアとインドネシアとの安全保障協力を強化した。また、2016年11月にインドのモディ首相が来日した際、安倍首相は「南アジアとの関係を重視している」と発言し、インドにもメッセージを送っている。

「インド太平洋」という用語は、第2次安倍内閣発足直後の2013（平成25）年2月、ワシントンでの講演でも使っている。安倍首相が「インド太平洋」にこだわるのは、やはり東シナ海（尖閣諸島）への中国の一方的な行動を阻止するため、日・米・豪の連携にインドを関与させる、対中戦略の一環であると考えられる。

安倍政権は当座「経済モード」を優先させ、デフレ脱却をめざした「アベノミクス」を軌道に乗せ、その後、「安保モード」に政策の重点を切り替え、成立させた一連の「安保関連法」により、限定的ながら集団自衛権行使を可能にした。そして「アベノミクス」の成果である税収増加をもって、防衛力（ハードパワー）と海上警察力（ソフトパワー）などを強化する政策をつづける一方、外交力（ソフトパワー）による海洋中国の抑制のための東南アジア4ヵ国歴訪であったことは明白である。予算的にさまざまな制限がある中での防衛力と海上警察力の増強であり、総合的国力アップのためには、外交力による国際世論戦、海洋国家との同盟関係強化、海上警察力による規制強化、国際法廷闘争の重要性の再認識などが求められる。

3．海上保安体制強化

(1) 拡大する領海警備

海上保安庁は、海上の安全と治安の維持を任務とする国家機関であり、国内外の関係機関と連携・協力体制を構築して、船舶交通の安全、海洋秩序の維持、海難の救助、海洋環境の保全、海洋の調査・海洋情報の収集・提供など、海洋に関するさまざまな業務をおこなっている。

最近、その海洋秩序の維持に関する業務の一つである「領海警備」が、大きくクローズアップされている。領海警備とは、海外から国内に押し寄せてくる密航、密輸、海洋国際法違反行為船舶（者）など不法な勢力の領海入域を阻止したり、重油など有害物質による海洋汚染船舶（者）などの有害環境を、領海の外縁でブロックして、国内の安全を維持する業務である。端的に言えば、平時において国家全体の安全を領海線外縁で阻止する海上警察行為で、国境がすべて海である日本にとっては国境警備警察行為である。

古来より日本は「海に守られた国家」というイメージがあるが、単に海は外敵からの防波堤、または海洋の公道という認識だった。しかし近年は、外洋の水産資源の捕獲と海底資源の開発が現実化されるようになり、海底資源などをめぐって隣国どうしの国益が衝突するようになってきた。この状況に対応するため２００７（平成19）年に制定された海洋基本法は、まさに「海を守る海洋国家日本」をコンセプトにしている。これは日本が「人類共有の財産である海」を守るとともに、「自らの力で自分の海を能動的に守る」ことを宣言した法律である。

中国公船が日本の領海に侵入し、海上保安庁の巡視船と日常的に対峙する尖閣諸島周辺海域はまさに国益の衝突する現場である。この海域のほかにも、中国海洋調査船が活動する西太平洋の沖ノ鳥島周辺海域、中国漁船が深海宝石サンゴを採取する小笠原諸島周辺海域、中国大型漁船１００数隻が集団緊急入域した長崎県五島列島の入江、さらには、中国海軍艦艇の海峡通過事案が発生した津軽海峡など、中国船舶による領海警備事案は広大な海域に拡大している。

日本が管轄する海域は、領海（干潮により海面が最も低くなったときの陸地と水面の境界線（＝低潮線）などから12カイリの海域）と、排他的経済水域（低潮線などから２００カイリの海域）であり、総面積は約４４７万平方キロメートル。領土の約12倍で、アメリカ、オーストラリア、インドネシア、ニュージーランド、カナダに次いで世界６位の広さの海域を管轄し、海岸線の長さは離島を含めて約９０００

キロになる(世界7位)。さらに「海上における捜索および救助に関する国際条約」(SAR条約)にもとづき、「日米SAR協定」を締結しており、太平洋上の東経165度、北緯17度に囲まれた広大な海域を海難救助・捜索区域の責任エリアとしている。東京を中心に考えると、東方および南方に約1200カイリにおよぶ広大な海域での海難救助活動を担っている。

数年前、このように広大な海域での活動を余儀なくされている海上保安庁に関して、陸上自衛隊元将官の志方俊之氏(現、帝京大学教授)と話をしたことがある。志方氏は、

「わが国の排他的経済水域は世界第6位の広さであり、一国で世界の海運量の約15%を占める。日本は世界有数の海洋大国だ。だが、日本の海上保安庁は規模も予算も海洋大国の名に値しない小規模なものだ。これほど少ない数の人員と装備で、一つの海洋大国の海の安全が守られていることは、世界史の中でも珍しいのではないか」

との現状認識を示し、海洋国家日本としての海上保安体制充実の必要性を熱く語られた。

このような厳しい現場の状況に対して、海上警察力による領海警備の重要性と政策的有効性を認識しはじめていた安倍首相は第1次政権時に、老朽化した約3割の巡視船艇・航空機の緊急整備計画を予算化し、2012(平成24)年度からは、頻発する中国公船の領海侵犯事案に対応するため尖閣専従体制の整備に着手したのである。

さらに、第2次政権では、尖閣専従体制の整備を加速させ、2016(平成28)年4月16日、石垣島巡視船艇基地で尖閣専従体制完成式典をおこなった。新型の大型巡視船10隻、配属替えしたヘリコプター搭載型巡視船2隻、複数クルー制(乗員の交代制による船体の稼働率向上策)、巡視船艇の専用岸壁整備、

乗組員宿舎の整備が終わり、石垣海上保安部は船艇隻数、職員数ともに全国最大規模の海上保安部となった。

しかし、いくら最新の船艇・航空機を配備したとしても、海上保安官の能力が追いつかなければ、それらを十分に使いこなすことはできない。そのため海上保安官を育てるシステムが不可欠である。海上保安庁の現場事情を知る私の経験から言うと、巡視船・航空機増強に伴い海上保安官を増員するためには、まず船舶と航空機運航技術者兼司法警察職員の増員・養成が必要であると考える。

海上保安官の養成機関である海上保安大学校(広島県呉市)、海上保安学校(京都府舞鶴市)、海上保安学校分校(福岡県北九州市、宮城県仙台市)での教育・訓練、海上保安官募集活動、学生数増員に伴う施設増強、教官確保などもあわせて必要となる。海上保安官養成には教育・現場経験などをふまえ十数年かかると言われている。その間、海上保安官の定年延長、再任用制度の活用、船舶運航機器の省力化などさまざまな工夫をしていると思われるが、出動する海上保安官の能力維持に関して危惧せざるをえない。巡視船船長などの指揮統率能力が問われる現場の第一線で、新人海上保安官を配属された現場管理職の苦労を想像すると、思わず体が熱くなり、汗が吹き出そうになる。

海上保安庁で教育・訓練、現場活動などを経験した私としては、体制整備の末端までの背景全体をイメージでき、それを維持するためのロジスティックの大変さをも想像できるがゆえの気苦労かもしれない。

(2)「正義仁愛」の意味

次年度政府予算案決定直前の2016(平成28)年12月21日、総理官邸において「海上保安体制強化に関する関係閣僚会議」が開催された。

同関係閣僚会議の主宰者は安倍内閣総理大臣で、構成員は外務大臣、財務大臣、国土交通大臣、防衛大臣、内閣官房長官である。加えて、関係者として、総理大臣補佐官、内閣危機管理監、国家安全保障局次長、内閣情報官、海上保安庁長官、総合外交政策局長、防衛政策局長らが参加した。この会議は海上保安庁の体制強化の必要性とそのための関係機関の緊密な連携、体制の戦略的・集中的な対策を調整するための閣僚会議であり、内閣総理大臣が主宰する海上保安体制に関する閣僚会議は、今回が初めての試みと思われる。

中国海洋警察局公船による尖閣諸島領海侵入事案、外国漁船による排他的経済水域などでの違法操業、日本の同意なしの中国海洋調査船による海洋調査活動など、領海内で発生している対国外ディフェンス的海上警察業務は多忙をきわめているうえ、対国内的海上警察業務や大規模海難・海上災害発生の際の対応準備も必要で、このままの海上保安体制では限界に近いと官邸サイドが判断したことが背景にあると考える。

会議の最後に安倍首相は次のように総括した。

海上保安庁では、世界有数の海洋国家である日本の海を守るために、精鋭の職員たちが、極寒の北の海で、灼熱の南の海で、あるいは真っ黒な夜の海で、日夜、揺るぎない使命感をもって、職務の遂行にあたっています。初代大久保長官は、まだ占領下の１９４８年5月、海上保安庁発足の日に際して、職員を前に「海上保安庁の精神は正義と仁愛である」と訓示しました。

以来、「正義仁愛」の精神は個々の海上保安官に脈々と受け継がれています。

また、大久保長官は、海上保安庁の徽章に「梅」を選ばれました。「梅」は寒風の中、他の花に先んじて花を咲かせ、芳しい香りを放ち、その実は常に民衆とともにあるという花です。この「梅」こそ、海上保安庁にふさわしい花であると思ったからです。

海上保安官の仕事は厳しく、命がけの仕事です。特殊救難隊員は、水深60メートルまで潜り、人命救助をおこないます。また、海上保安官は、不審船、密漁、密輸などの海上犯罪を取り締まります。それだけではありません。日本各地の原子力発電所など、臨海部の重要施設を、海上でテロの脅威から守っているのも海上保安官であります。

そして、これらの業務に加えて、近年では、領海警備の比重が増しています。２０１２年秋から、尖閣諸島周辺の接続水域に中国公船が毎日のように来航し、月に数回、必ず尖閣領海に侵入しています。中国は、この3年間に１０００トン級以上の大型公船を3倍に増やし、１２０隻体制としました。

海上保安庁は海の警察・消防であり、巡視船は海のパトカーや救急車であり、消防車です。わが国の平和で豊かな海と国民の生命と財産を守り、安全・安心を確保するために、その体制に、一寸の隙も許されません。私は、２０１３年、国家安全保障戦略を閣議決定したおり、その中で、領域警備にあたる法執行機関の能力強化と海洋監視能力の強化をあわせて指示しました。

この戦略に沿って、本日、海上保安庁の体制および能力を大幅に強化すべく、「海上保安体制強化に関する方針」を本閣僚会議において、決定しました。

海上保安庁については、29年度において、当初予算を2100億円超に大幅に増額するとともに、緊急増員を含め200名を超える増員をおこないます。これにより、本年度の補正予算とあわせ、大型巡視船5隻の増強、尖閣専従船への映像伝送装置の完備などの海洋監視の強化、海洋調査船3隻の増強・機能向上など、体制強化に緊急的に着手します。今後、本方針にしたがって、継続的に海上保安体制の強化を図り、わが国の平和で豊かな海をしっかりと守ってまいります。


以上が「海上保安体制強化に関する関係閣僚会議」での安倍首相の発言である。関係閣僚会議の開催そのものや参加メンバーの構成だけでも驚かされたが、次年度政府予算案にまで言及するとともに、今後も、継続的に海上保安体制強化を図るというコメントには、さらなる驚きをもって接した。

私は、この時が海上保安政策を国家政策として政治的に決定した瞬間であるとともに、海上保安庁が現場官庁から政策官庁に脱皮した記憶すべき瞬間ではなかったか、と考えている。

安倍首相が発言の中で使った「正義仁愛」という言葉に関して、私の思いを述べてみたい。この言葉は、安倍首相が言われたとおり、初代海上保安庁長官の大久保武雄氏が、同庁創設時、海上保安庁職員に訓示した言葉である。私も海上保安庁入庁時、この言葉をよく見聞きしたが、当時は単なる標語に過ぎないと思っていた。

その後、海上保安教育機関での教育・訓練を経て、現場で海上保安行政の実務を積み重ね、さらに他省庁への出向、海外勤務などを経験した。そして、第八管区海上保安本部で竹島をめぐる事案処理を終えたときふと、この「正義仁愛」が頭に浮かんだ。

正義仁愛、正義仁愛、正義仁愛、……。「正義仁愛」は海上保安庁の単なる標語だろうか。大久保初代長官は何を考えて、この言葉を海上保安官に残したのだろう？

数日後、私は次のような解釈に行き着いた。

「正義仁愛」とは「力なき正義は無力、仁愛なき力は正義に非ず」ということではないだろうか。「海上保安官個人は日々、正義を実現するために与えられた力を練磨せよ！　組織は、仁愛精神を涵養せよ！」と。海上保安官の行動を規範してきたのは、海上保安庁創設時の精神「正義仁愛」であり、この精神は海上保安庁全体の究極の組織行動マニュアルなのだ、と考えるに至った。私がこの考えに至った背景には、次の二人の先人の言葉が頭に残っていたからではないかと思う。その言葉を紹介したい。

■小村寿太郎(日露戦争時の外務大臣)の言葉

軍備の充実と経済振興が基礎で、その裏づけのない外交は理念がいかに正しくても敗北する。外交は力こそが正義であり、国家を守る要諦である。国際外交の秘訣は、その力をもって相手国から談判をもちかけさせるのが早道である。

■サッチャー元英国首相の言葉

国家の存続基盤は「力」である。国家を治めるものは「法」であるが、法には力がないから、力の支持がなければ、維持できないからだ。

米国USCG太平洋方面司令官に「正義仁愛」プリント入りの扇子を手渡す。(2007年7月、サンフランシスコ)

力は正義を実現する唯一の手段である。だから平和を求め、正義を果たそうとするなら正義に力を与えよ。

私はワシントンに出張した際、大久保初代長官が揮毫した「正義仁愛」をプリントした扇子を持参し、国防総省(ペンタゴン)、コーストガードHQなどへの訪問時に、手土産として渡した。その際、この言葉が海上保安庁の根本的行動マニュアルであり、英語では「JUSTICE & HUMANITY」であると説明した。その精神は理解されたと感じている。

私は、「正義仁愛」は海外でも通用する普遍性をもつ行動マニュアルであると信じている。海上保安庁が守ってきたのは、「家族(故郷)」「日本民族(国土)」であるとともに、人類共有財産である「海」という大自然である。今後も、この「正義仁愛」を組織の基本行動マニュアルとして、海上保安という海上警察行政に邁進することを強く望みたい。海上警察行政は、勝つ必要はなく、ただ負けない行政を完遂するのみだと考える。

（３）関係閣僚会議の背景

東アジア、東南アジアにおいて、平時における海洋秩序維持の勢力が海軍力から海上警察力に移行していること、海上警察力による海洋秩序維持は軍事的紛争、衝突へのエスカレートを抑止することは、これまで述べてきたとおりである。

中国は、経済力を背景に「海洋強国化」を国策として、海軍力をしだいに増強している。しかし、海洋権益確保を目的とする海軍力の前面展開は、国際的には理解され難く、経済制裁の対象になることは、天安門民主化暴動への人民解放軍による鎮圧に対する経済制裁で明らかだ。中国はそれをふまえたうえで、国家海洋局などを再編・統合し、海洋秩序維持を目的とする中国海警局を創設して海洋警察力を増強する政策を進めている。その結果、尖閣諸島周辺海域における日中両国の海上警察力の勢力格差が問題視されるようになってきた。

２０１６(平成28)年5月29日付の日本経済新聞は、「海でも崩れた日中均衡――経済に続き警備力も逆転」というタイトルで、次のように伝えている。

米国シンクタンク、米戦略国際問題研究所(ＣＳＩＳ)が4月、ホームページに載せた分析が、日本の安全保障当局者らの目を引いた。尖閣諸島をめぐる攻防で、中国が、将来、日本の優位に立ちかねないと警告する内容だったからだ。その根拠として、中国が監視船を猛烈な勢いで増強していることが紹介されていた。中国が軍事拠点を広げる南シナ海にくらべると、東シナ海はかろうじて安定を保っているように見える。だが、水面下では深刻な事態が進んでいる。日中が持っている海上警備力がついに逆転し、どんどん差が開こうとしている。（中略）中国は海軍力だけでなく、海警局の体制も急速に増強している。このままでは、東シナ海の力関係が中国優位に傾きかねない。実は、日本政府は約4年前から「逆転」の兆しに気づき、米政府にもひそかに危機感を伝えてきた。それが現実になってしまったのである。

東シナ海における日中海上警備力増強競争がはじまっていることを伝える記事である。この競争は経済力と造船技術力競争に陥る恐れがあり、状況を慎重に見きわめる必要がある。前節で紹介した関係閣僚会議開催とその決定事項は、この現状認識が理由の一つとなっていると考える。

さらに、中国の経済発展を基盤とした海軍力の増強、アメリカの国力と影響力の後退によって、防衛、外交、安全保障情報の入手ルートをアメリカ1国に依存する、これまでの日本の政策システムが崩壊しはじめている。しかし、日本の防衛力の基盤はあくまで日米安全保障同盟であり、核抑止力面ではアメリカに依拠することとしている。アメリカの戦略核戦力は削減の方向にあるものの、核抑止力としては日米関係が強固であれば、大きな問題とはならないが、通常戦力面では、日米間で「盾」と「矛」の役割分担があり、「盾」を担う日本には「矛」としての十分な能力、機能が整備されているとは言えない。限定的集団的自衛権の憲法解釈変更により、日米防衛協力のための指針（ガイドライン）の改定作業が進められている段階というのが現状であろう。

日本の防衛力はグレーゾーン事態への対処能力に重点を置きはじめているが、そこには防衛力予算のＧＤＰ約１％枠というハードルが立ちふさがる。第2次安倍政権の防衛予算では、民主党政権時代に減らした防衛予算額を元に戻し、以後わずかであるが増加に転じている。それでもＧＤＰの１％程度で推移しているに過ぎない。世界の主要国の軍事費の対ＧＤＰ比（２０１５年）は、アメリカ３・３２％、ロシア５・３９％、フランス２・１０％、イギリス１・９６％、ドイツ１・１８％、インド２・３３％、中国１・２９％、韓国２・６４％である。世界の軍事費の対ＧＤＰ比は２～３％程度とされており、日本の軍事（防衛）費はそれをかなり下回っている。

しかしながら、日本の防衛費を各国並みにするには、国内世論と国際世論の批判や懸念にあい、かんたんには進まないだろう。

そこで安倍政権は、海上警察力を海洋秩序維持のための海上犯罪抑止力として活用するという政策を、「海上保安体制強化に関する関係閣僚会議」で打ち出したのではないだろうか。海上警察力というソフトパワーの政策的有効性を認識している安倍首相の海上保安官に対する思いがどのようなものかは、２０１６（平成28）年3月19日、総理として初めて参席した海上保安学校卒業式の際の、祝辞に垣間見ることができる（１８８ページ参照）。

ではいったい、１％の算出根拠はどこにあるのであろうか。もちろん、ＧＤＰ比１％の予算額で日本の防衛が可能であると議論した結果であろう。総合安全保障という概念があるが、これは国の安全保障に軍事的なものだけでなく、経済力、外交力などを含めた総合力であるという考え方である。防衛力の自助努力の範囲は「防衛力の大綱」として示されているが、大綱の考え方は「侵攻国に対する拒否力を持てば十分とは言えないが、安全保障の最低限の必要性は満たされる。すなわち、敵の侵攻を撃退することはできなくても、それに抵抗することによって、侵攻コストを高くして、侵攻成功という既成事実がつくられるのを防ぎ、友好国および国際社会の介入を得られるようにできればよい」とするものであったと言われている。

加えて、日本はアジア大陸から離れた島国であり、日本を取り巻く海洋と空域は米軍の勢力圏内である。このエリアを敵対勢力に支配されない限り、侵略される危険はないとの考えが根底にあり、その防衛力の自助努力の範囲を対GDP比1％程度とするものである。日本の防衛費は国際的平均(2～3％)を下回るが、日米同盟関係が良好ならば、日本の安全保障にとって、相応な防衛予算であり、日本の安全保障の基盤が日米安全保障条約であ

【参考】拒否的抑止力と懲罰的抑止力

抑止力は拒否的抑止力と懲罰的抑止力とに分類される。拒否的抑止力とは「当方を攻撃しても当方にはそれを阻止する能力があるので、無駄だから攻撃をやめよ！」という抑止力であり、懲罰的抑止力とは「当方を攻撃したら当方は滅亡するかもしれないが、攻撃側が滅亡する損害を与える力が当方にはあるので、攻撃をやめよ！」という抑止力である。

従来、抑止力と言えば、核戦力に関連して言及され、懲罰的抑止力として認識されてきた。それに対して敵基地攻撃能力による抑止力などは、拒否的抑止力だとイメージする。相手国海軍基地の背後を攻撃する能力を保持することは、相手海軍の戻る基地（港）を奪う攻撃を可能にするということである。戻る基地がなくなれば、相手は食料、水、燃料、砲弾などの武器の補充、艦艇修理などを受ける母港を失い、海洋を漂流する状態に陥る恐れがあり、安易に出撃（出港）できなくなる。この抑止力は、海運勢力の活動も制限し、国力（経済力）を漸次減少させるという準経済封鎖的抑止力も生むのである。

るとの基本認識である。

しかし近年、防衛・外交をアメリカに依存するという戦後からの前提が崩れはじめている。日米同盟を基調とすることに変わりないが、抑止力としての防衛力を含めた総合的国力を再構築する時期が迫っている、と私は考える。

最近、自民党内の安全保障調査会で「敵基地攻撃能力」が専守防衛の範囲内なのかが検討されている。鳩山一郎首相時の１９５６(昭和31)年2月の衆院内閣委員会では、政府統一見解として「誘導弾などによる攻撃を防御するのに、他に手段がないと認められる限り、誘導弾などの基地をたたくことは、法理的に自衛の範囲に含まれ、可能である」と表明している。昨今の日本を取り巻く安全保障環境の変化を考えれば、真剣に考えるべき課題ではないだろうか。海洋国家の国防の考え方である「海洋国家の国防ラインは相手国の海軍基地の背後にある」という国防理論にもかなっている。相手国の港の背後を攻撃する能力を保持することは、日本の防衛力に「矛の力」を持たせることになり、有効で低コスト抑止力となりうるが、その能力を行使するか否かは、政治家の判断であろう。

第6章

重要性を増す海上警察力＝海上保安庁

1. 海洋東アジアの中の日本

(1) 地政学上のポジションは海洋国家である

本書は「記紀に見る海洋国家日本のグランドデザイン」の項からはじめたが、読者のみなさんは、海洋国家と『古事記』『日本書紀』がどんな関係にあるのか、と疑問に思ったのではないだろうか。

同項の中で、「隣国の中国・韓国・北朝鮮から歴史認識に関連して外交攻勢を受け、隣国の言う「正しい歴史認識」について日本人自身も何か腑に落ちないと感じはじめ、日本民族のアイデンティティについて考えはじめている」との現状認識を述べた。これは過去・現在・未来に渡って中国・韓国・北朝鮮とつきあっていくという地政学的環境のもと、私たちの子や孫の世代が、『古事記』や『日本書紀』を通して自分たちが海に囲まれた国家の農耕民族ではなく、海洋民族であることを認識してほしいという私の願望からである。さらに、中国・韓国・北朝鮮は華夷秩序や儒教思想にもとづく歴史認識を現在に至るまで色濃く残しているが、日本は聖徳太子以降、華夷秩序から離脱して独自の海洋文明国家を築いてきた事実を再認識してほしいとの思いも込めて、このような書き出しになった。

中国大陸・朝鮮半島と日本の文明・民族とは、人類学的に近いうえ、漢字文化や儒教思想の影響を受けているが、大陸・半島と日本の間は海で隔てられており、必ずしも文明・民族が同じではないことを認識する必要がある。

日米開戦から75周年を迎えた2016(平成28)年、海洋国家と大陸・半島国家の文化・文明の違いをはっきり認識できる出来事があった。それは、5月の米国オバマ大統領の広島平和記念資料館への訪問と、12月の安倍首相のハワイ真珠湾訪問である。日米戦争は日本軍の真珠湾への奇襲攻撃からはじまり、米軍の広島・長崎への原爆投下によって雌雄が決した。両国は、戦争の開始時と終了時におたがいに国際法違反を犯している。日本の宣戦布告なしによる真珠湾への奇襲攻撃、アメリカの広島・長崎への原爆投下による民間人の大量殺害である。

しかし、両国は相互の和解の心を信じ、過去の恩讐を越えて、真の同盟国関係になるエポックポイントを得た。徹底的に過去にこだわる歴史認識(儒教)国家である中国・韓国・北朝鮮が、この両国首脳の歴史的相互訪問に対して今後どのような反応をするのかわからないが、海洋国家と大陸・半島国家間の文明的・民族的違いをはっきり認識できた歴史的出来事であったと考える。いずれにしても国家運営理念を共有する海洋国家どうしの、真の同盟関係構築により、海洋東アジアにおいての抑止力を高める歴史的訪問であったことはまちがいない。

(2) 日本が軸足を置く場所

ユーラシア大陸の西辺縁部に位置するイギリスと、同大陸の東辺縁部に位置する日本は、同じ島国で、かつ対岸に影響力をもつ大陸国家(ヨーロッパ諸国、中国)と対峙する海洋国家である。また、文明論的にも、ともに古いものの上に新しいものを堆積させ、それに順応することで文明の生命力の源とする

「堆積文明国家」である。そのため、日本がイギリスに学ぶべき文明史的経験知は多いと唱える研究者も多い。『海洋国家日本の構想』（高坂正堯著）の一部にも次のような箇所がある。

私がイギリスの歴史から現在の日本にとっての教訓を引き出すことを試みるのは、（中略）イギリスが二つの基本的に重要な点で、日本に類似しているからである。第1にイギリスは優れて海洋的な国であり、ナポレオンが「通商国民」と呼んだように、海外との貿易によってその偉大さを形成した国家であった。

（中略）次に重要なことは、イギリスはヨーロッパの側にありながら、ヨーロッパの外にその活動の舞台を求めた。（中略）ボーリング・ブロック（18世紀英国の政治家）は「我が国は大陸に隣り合っているが、けっしてその一部ではないということを、我々は常に忘れてはならない」と書いている。この認識こそ、イギリスをヨーロッパの縁辺の二流国から偉大な国家へ変化させたものとして注目されなくてはならない。同じように、日本も中国を中心とする東洋に隣り合っているが、しかし、その一部ではない。（中略）正当に「東洋」と呼びうる中国が復活し、自己主張するようになった。その場合、日本がその独自の偉大さを築きうる方法は、中国との同

【参考】更地文明国家

「堆積文明国家」と対比されるのは「更地文明国家」である。更地文明とは、新王朝が前王朝を徹底的に否定し、古いものを断ち、すべてを一度更地にして、その上に新しいものをつくる文明である。中国文明の易姓革命思想は、まさに更地文明であり、中国は更地文明国家と言うことができる。

一性ではなく、その相違に目覚め、東洋でもない立場に生きることなのである。（中略）日本が「通商国民」であるという第1の事実は、これをはっきりと認識しているであろう。しかし、第2の事実は漠然と気づいてはいるが、いまだはっきりとは捉えてはいない。

しかし、この二つの事実にこそ、日本の将来を規定する基本的事実があるのだ。したがって、我々は同じような状況の中で、その独自の偉大さを築いていったイギリスの歴史から、多くを学ばなければならないのである。

高坂氏は、日本を東アジアの一部として見るのではなく、北西太平洋の一部として見なければならないと論じている。

さらにもう一つ、「日本はアジアではなく太平洋だ」という東洋学園大学教授櫻田淳氏の論説を紹介する（産経新聞「正論」）。

日本が国家として軸足を置くのはアジアなのか、それとも太平洋なのか、という問いである。そもそも、世界地図上日本を含む領域は、どのように呼ばれるのか。従来、「陸」を基準にして日本は「東アジア」や「北東アジア」をなす国として位置づけられるのが一般的であった。特に中韓両国が向ける複雑な対日視線の底流には、日本が彼らと同類の「東アジア」や「北東アジア」の国であるという認識がある。ただし、こういう認識は、物事の「重心」が中国大陸に引っ張られた感じになる。それは、結局のところ「中国－中心、日本－周縁」という、近代以前の国際認識の焼き直しでしかないのである。

（中略）「海」を基準にして考えれば、例えばインドネシア、マレーシア、タイ、シンガポールに代表される東南アジア諸国連合（ＡＳＥＡＮ）諸国は、アジア大陸の一部としての「東南アジア」ではなく、「北西太平洋とインド洋のリエゾン（連結）国家」であると定義できる。

川勝平太静岡県知事が20年近く前に著した『文明の海洋史観』によれば、東南アジア多島海が自由貿易体制と呼ばれるものの発祥の地であり、17世紀以降にインド洋を経て当地に進出した英国はそれを自らの帝国運営のイデオロギーとして吸収したのである。ＴＰＰは、20世紀に英国からアメリカに移った自由貿易体制という「理念」が再び故地である東南アジア多島海を含む西太平洋に戻っていくのを告げる枠組みである。「北西太平洋の国」としての日本には、ＴＰＰ樹立に尽力し、それを後々、インド洋にまで広げる構想を考える大義が十分に備わっているのではないか。（後略）

先に述べたオバマ大統領の広島平和記念資料館への訪問と安倍首相のハワイ真珠湾訪問も、日本を東アジアの一部としてとらえた外交ではなく、北西太平洋の国家として認識しての国際外交であると考える。

日本の地理的・文明的位置づけに関して「東アジア」や「北東アジア」ではないという意見は、以前からあった。その代表的なものをいくつか紹介する。

まず福沢諭吉は「脱亜論」で、「今の中国や朝鮮は日本の助けにはならない。むしろ西洋からは３ヵ国は地理的に近いため、日本も中国や朝鮮と同じように見られてしまう。それは日本の一大不幸だ」と述べている。また黒田勝弘氏(元産経新聞ソウル支局長)はその著作『韓国社会を見つめて――似て非なるもの』の中で「韓国は一見の印象は日本に似ているが、実は異質なものである」と記している。両者とも、日本の文明は大陸・半島の文明とは異質なものであり、日本は大陸・半島に隣り合っているが、けっしてその一部ではないことを認識していた。さらには、アメリカの国際政治学者サミュエル・フィリップス・ハンティントン教授の『文明の衝突』では、東アジアの中で「儒教文明」と「日本文明」を明確に区別している。

日本の地理的・文明的位置づけは、東アジアではなく、北西太平洋が妥当であるという専門家の意見であるが、私の感覚では「北西太平洋の国」という呼称は座りが悪く、「海洋東アジアの国」とするほうが落ち着く。

このような認識のもと、海洋国家日本は、大陸・半島国家と、今後どのようにつきあっていけばよいのだろうか。

日本は「通商国家」であるのはまちがいのないところで、そのポジションから考えると、アメリカ、海洋東アジア諸国とは仲よくする。中国とは喧嘩はせず、商売相手としてうまくつきあうが、中国が海洋国際法違反などを犯せば、国際法に則り、海上警察力で海洋秩序を維持する。さらに国際世論に訴え、相手が是正する意思を示さねば、国際裁判所へ提訴し、法廷闘争を通じて法的抑止力を確保する、といった対応が平時における基本的なつきあい方となるだろう。また、半島国家と海洋国家のはざまで揺れている韓国に対して、日本とアメリカは韓国を海洋国家グループに留める努力をすることが必要であると考える。

2. 海上保安庁の新たな役割

(1) ソフトパワー強化の重要性

日本の核武装・軍事大国化については、国内はもとより国外、特に東アジア・東南アジア諸国から大きな懸念がもたれている。加えて、少子高齢化による国内就労人口の減少は顕著で、財政状況はますます厳しくなり、経済力は低下している。このため、さまざまな軋轢をおこしている国々に対して、防衛力と経済力(ハードパワー)だけで対応することは現実的ではない。このような状況の中で、日本がトータルな「国力」を向上させ、国際社会における日本の存在感や発言力を高めるためには、いかにソフトパワーを高めるかにかかっていると言える。

高坂正堯氏は、国際政治において軍隊は依然として大きな力を持っているものの、核兵器の出現により、具体的有効性と倫理的正当性を失いはじめている、と軍事力の限界を指摘している。日本は軍事力以外のパワーとして、発展途上国への経済援助をおこなう経済力、高度産業国としての技術力をどのように高めるかを政策課題とし、自衛目的の一定の軍事力を確保したうえで、軍事力以外の分野において積極的に国際的役割を果たすには、どうすればよいかを提言している。国内世論の共有認識の上に立った自衛力という武力の保持は、国際政治上のパワーを高めるものであり、海洋国家としての日本の存在意義を示すものになると結論づけている。
そのためには、海上警察力と国際司法外交力を強化する政策を積極的に推進するとともに、海洋政策とインテリジェンス関係の専門家の養成を促進することが必要である。国際司法外交力の活動分野は、国際法が支配する国際裁判所である。海上保安庁と外務省は、積極的に政策協力をし、日本の国際的政策提言力と発言力のアップにつなげ、相乗効果によりさらなるソフトパワーの向上を図ることが重要になってくる。

近年、グローバリゼーションの進展や情報通信技術（ＩＴ）の急速な発展によって、人、物、金、情報などが国境を越え自由に移動する社会が実現した。一方、経済・地域格差、地域紛争、国際犯罪、国際テロ、地球環境の悪化が常態化し、危機もグローバル化しており、これらの多くは私たちの日常の中で起きている。軍事力は危機の回避を破壊または除去することによっておこなうが、日常の危機は日常生活を破壊することなく、解決しなければならない。

海上保安庁が担当している海難や海上災害時の救援・救護、薬物の密輸・密入国の取締り、海賊・テロ対策、海洋の環境保全などの業務は、グローバリゼーションの影響下で生じる危機や日常生活に侵入する危機への対応を目的としている。そして、その対応手段は軍事力ではなく警察力によるもので、軍事的衝突に発展する可能性を最小限に抑えることができる。海上保安庁は、国内事案の対応のみならず、国際事案においても、周辺関係国と協働することが可能な国家機関である。軍事力のように双方が対峙する関係ではなく、犯罪に対する法的処理関係であり、捜査情報の交換、捜査協力などが可能な領域である。そのため海上保安庁は、国際的な海上安全保障をも担える国家機関と認識されつつある。

少し横道にそれるが、海上警察学という研究分野がある。これは警察政策学に属する学問であると考えられている。しかし、その研究領域が国際法の支配する海洋であり、かつ海洋で発生する事案は国際外交問題化する可能性が多々あるがゆえに、私は実務的海上警察学は国際法学に属する学問であると考える。また、海上警察機関の活動は、国内法を順守しながらも国際法的に裾野の広い海洋法執行措置であり、海洋に関する基本的国際法である「国連海洋法条約」を実効ある「真の国際法」とするためにも、各国の海上警察機関が相互に協力することが重要である、と考える。

私は、この国際政治上の役割としてのパワーの一部に、海上警察機関の政策と国際協力・支援活動があると考えている。海洋での社会・経済活動の中で警察と司法機関の存在は必要不可欠な機能で、明らかに平時における非軍事のソフトパワーである。言いかえれば、「海洋という国際社会での犯罪行為に目を光らせ、違反があれば取り締まることによって海洋社会の秩序を維持する防犯警察活動である。また国際法により白黒決着をつける海上警察力と国際司法外交力による防犯警察および国際司法による抑止力」であり、軍事的抑止力とはまったく違うものである。私は、日本が海上保安庁の役割を拡大、強化する方向に政策を一致させ、海洋東アジアの海上警察機関をリードするとともに、国際司法外交を積極的に実施する方向に政策展開することを期待したい。

国際司法外交については、私の前著『海上保安庁進化論――海洋国家日本のポリスシーパワー』のエピローグでも取り上げた。

海洋国家において海洋に関する最も基本的なこの国際条約（国連海洋法条約）を有効に機能させるこ

とを国に期待したい。２００７(平成19)年1月、麻生外務大臣(当時)は国会の外交演説で、国際社会における法の支配の重要性を強調、国際裁判所を積極的に活用すると述べた。このような流れの中、同年7月、日本はロシアが拿捕した日本漁船の乗組員の早期釈放を求めて、国際海洋法裁判所に提訴。これは国連海洋法条約にもとづくものであり、各国は排他的経済水域で拿捕した船舶と乗組員を、保証金の支払いを条件に「早期に」返還・釈放しなければならないという規定に沿ったものである。(中略)国際裁判所を活用することは紛争の平和的解決に寄与することとなり、今後とも国際司法外交に積極的に取り組むとともに、日本の海洋基本法の理念である「〝海に護られた国家〟から〝海を護る国家〟」として世界に貢献し、国際社会に日本の考え方を堂々と主張することを真に望みたい。

以上がその引用で、ロシアは日本の訴えに対して、日本漁船の乗組員を速やかに釈放している。国際裁判所の判決は強制力を持たないが、海上警察機関の捜査と証拠に正当性があれば、その判決をもって相手国を外交交渉のテーブルに着かせることができる。それにより、国際世論を味方につけることができ、判決を拒絶すれば経済的不利益を課すなど、判決を外交交渉の武器として援用することが可能になる。そのためにも今後、当方の主張と国益を確保する国際司法外交を展開するパワーと人材が必要になると考える。

(2) 自己改革エネルギーと海上保安庁進化論

本書では、海洋東アジア各国の歴史的経過などを背景に、メインテーマである海上保安庁における海上警察権の変遷や国際外交上の地政学的環境の変化、国力における海上警察権の位置づけなどを述べてきた。

海上保安庁は、戦後の混乱期である１９４８(昭和23)年５月、海上における治安の維持と海上交通の安全確保を一元的に担務する行政機関として創設され、２０１８(平成30)年に創立70周年を迎えた。奇しくも私と同年になる。その間、組織にはさまざまな変遷があり、組織存続の危機的出来事もあった。

一つは、１９５２(昭和27)年７月の保安庁法成立である。この法律は、警察予備隊(当時)と海上警備隊(当時)、およびこれと密接な関係にある海上保安庁の一部業務を統合して、新たに保安庁という国家組織を創設する法律であった。保安庁組織は国務大臣を長官とする総理府の外局で、国家の平和と秩序維持・人命と財産の保護を任務とし、陸上と海上を活動範囲とする組織であったが、諸事情により同法律の施行は見送られた。

もう一つは、２００１(平成13)年１月の中央省庁等改革基本法成立である。この法律は、それまでの１府22省庁から１府12省庁に整理統合し、新たに内閣府を設置、内閣総理大臣の権限強化を図り、行政評価制度を導入するほか、建設省・運輸省・国土庁を統合して、国土交通省を設置した。このとき、海上保安庁は旧運輸省の外局で、再編問題が浮上する中、新設する国土交通省に所属するのか、総理府、警察庁に所管替えするのかが議論されたが、最終的には国土交通省の外局として残った。

海上保安庁は、領海(国境)警備により平時における「国家の安全」を確保とするとともに、国内の海上安全確保、人命・財産の保護を任務としており、行政的間口と業務内容は広く、奥の深い任務である。海上保安庁法の第15条(海上保安官の法令の励行事務における地位)で、その他の法令事務の行政官吏と同等の権限行使権(当該官吏権)、第27条(関係行政庁との間の連絡・協議・協力)で、関係行政庁との連絡保持義務、相互協議のうえの協力要請権などが明記されていることは、このことを示しており、海上保安庁組織の解体、再編の動きは今後もありうると考える。

海上保安庁発足当時は長官官房組織もあり、長官は政府次官会議の正式メンバーであった。その後、組織の解体・再編などの議論とさまざまな変遷を経て、現在は、海上保安庁長官が内閣情報会議のメンバーとなっている。さらに海上保安官の国家安全保障局、内閣情報調査室への職員配置、外務省在公館、国際専門機関などへの職員派遣、外務省・国内警察機関・税関機関などと人事交流をおこなうなど、庁内組織改革を随時進めている。

また、２０１６(平成28)年12月21日には、総理官邸において開催された「海上保安体制強化に関する関係閣僚会議」で、海上保安行政が国家の行政政策としてとりあげられ、海上保安庁が現場官庁から政策官庁に脱皮する一歩を踏み出した。

海上保安庁は創設以来、既設の大組織の既得権限の壁に挑み、海上警察行政権限を確保しながら、たえず変革をおこなってきた。それは、組織防衛のための自己改革の連続だったと言える。

では、海上保安庁が国家にとって真に必要なソフトパワー(海上警察力)として存続しつづける改革エネルギーはどこにあったのだろうか。そのことを考える必要があるだろう。

今、時代は大きく変わろうとしている。資本主義時代、自由貿易主義時代、大組織時代、官僚時代、サラリーマン時代、ジェネラリスト時代などが終わりを告げ、自国第一主義の時代、個別・自己責任の時代、能力主義の時代、スペシャリストの時代、ＩＴの時代、人工知能の時代、ロボットの時代などへ変わりつつあり、「１００年単位の大きな社会的革命が起こっている」とさえ言う社会評論家もあるほど、変化の波が押し寄せている。

さらには、海洋東アジアには第２次大戦の残渣である韓国・北朝鮮の分断国家が存在し、清朝中国帝国から再生した経済・軍事大国の中国が存在感を増している。渡辺利夫氏は『新脱亜論』（文芸春秋）で、あたかも、海洋東アジアは「19世紀末の日清・日露戦争開戦前夜の明治のあの頃に「先祖がえり」したかと思わせるまでに酷似してきた」と表現している。

このような変革の時代、海上保安庁も、環境変化の海を泳ぎつづけており、「海上保安庁の仕事は、ほんとうに今の海上保安庁にしかできないのか？」「海上保安庁の組織は今のままでほんとうに適切なのか？」と、存在理由を問われつづけている。今後も、組織改革エネルギーをどう維持させるのかを考えなければならないだろう。

組織改革エネルギーを見つけ出すことは非常に難しいが、そのヒントとなる指摘を『アメリカ海兵隊――非営利型組織の自己革新』（野中郁次郎著、中公新書）の中に見つけた。

アメリカ海兵隊は、創設期、海軍に嫌われながらも寄生して生きながらえ、第１次大戦時は陸軍の指揮下において、一番困難な場面で出番を与えられた。また、パイロットなどの職員の養成は他軍に依存しながら

【参考】進化論は組織体にも適応されるのか？

・最も強いものが生き残れるものではない。
・最も賢いものが生き残れるものでもない。
・唯一生き残れるものは変化できるものである。

この進化論の定説が組織という集団にも適応されるとすれば、海上保安庁という組織は、国内外の業務環境の変化に対応して、好ましい組織防衛本能である自己改革本能が作用して、進化を継続していると考えられる。

も、次の時代に有能な独自性を探っている。そういった軌道に乗るまでの姿は、取り巻く大組織と折り合いをつけつつ業務を推進している海上保安庁の現状に共通するものを感じる。

野中氏は、この変革のエネルギーはどこから生まれるのかという観点から、研修訓練、アイデアの集約組織体としてのアメリカ海兵隊が持っている独自なシステムを概観した後、「このように単に学習するだけでなく、自ら変革創造しつづける組織を自己改革組織と呼びたい」とし、「絶えず存亡の危機に晒されてきた海兵隊にとって、自己改革はいわば組織の生存本能の一部となってしまったようである。組織の死滅ないし大幅縮小への恐怖感が自己改革の原動力になっているのであろう。けれども、それは官僚制の肥大化あるいは生存理由がなくなっても存続しようとする組織の慣性とは、本質的に異なった望ましい組織本能である」と総括している。

以上が指摘の内容であるが、まさに「アメリカ海兵隊」を「海上保安庁」に置き換えて読めば、その組織の存在理由、組織改革エネルギーはどこから生まれ、そしてどこに向かうのか、答えを見つけることができるのではないだろうか。ぜひとも一読すべき本であると思う。

要は、組織の周辺環境の変化を敏感に感じ取り、その環境の中で組織の存在理由を愚直に自問自答することを習慣づける努力をつづけることにより、それを組織の伝統にまで昇華させることが自己改革エネルギーの役割なのである。

このことは大組織である国家にも言えることである。海洋国家(通商国家)はつねに新しい変化に対応する姿勢を持たなければならない。変化への対応能力が弱まると、その国家は衰退すると言われる。しかし、大組織になるほど、成功をおさめるとその成功に自信を持ち、うぬぼれ、現状に満足し、自己改革エネルギーも衰退させる。今後、海上保安庁の伝統となった自己改革組織力を維持・継承させるには、意識して組織運営に努めなければならない。

伝統を維持・継承するのは、リーダーの責務であり、伝統を信じるのは、その組織の教育・訓練機関と現場職員の仕事である。

「海上保安体制強化に関する関係閣僚会議」で安倍首相が発言に引用した『海鳴りの日々』の著者である海上保安庁初代長官大久保武雄氏は「正義仁愛」に関して次のように述べている。

　厳しさと献身とはけっして矛盾しないし、その信条と行動が調和したところに、海上保安庁の伝統と精神が生まれると考えた。私が宣言したこの精神は奇しくも、二百年前米国コーストガード創設の時、アレキサンダー・ハミルトン長官が水兵に演説した言葉とその軌を一にしていることを後で知った。（中略）昭和五二年九月四日の「海上保安新聞」は、海洋二百海里時代に入った海洋新秩序の国際的背景の下で、海上保安隊員の指揮について「正義仁愛という旗印は、昨今では、むしろ中央よりも末端機関の方に沁みわたっている感がある。四半世紀にわたる先輩後輩による努力の結晶であろう。」と述べ、（中略）地味な仕事ほど「伝統」という言葉が生きてくる、と結んだ。（中略）海上保安庁一万の職員が営々として三十年間の間に築き上げてきた財宝であり、また永遠に守らねばならない海上保安の倫理である。私は「正義仁愛」の精神がこのように、時代に生かされていることを喜びとした。

海上保安庁の自己改革エネルギーの中心は、前述したように「正義仁愛」という組織行動マニュアルである。その行動の実践の積み重ねが伝統に昇華して、海上保安庁を進化させつづけている。そう考えるのは、海上保安官ＯＢであり、退職後も、私的に「海洋・東アジア研究会」を結成し、海上警察行政ウォッチャーとして海上保安庁を観察しつづけている、私の身内びいきであろうか。

２０１７(平成29)年1月9日の日本経済新聞「東南アジア各国に日本が海保能力向上を支援【実務研修受け入れ拡大】」という見出しの記事に目が留まった。その内容は、

海上保安庁と政策研究大学大学院、ＪＩＣＡ、日本財団が協力して海上保安大学校に開講した「海上保安政策課程」を充実強化するため、海上保安庁は同課程への参加募集国を東南アジア諸国のインドネシア、マレーシア、フィリピン、ベトナムの4ヵ国に、ミャンマー、スリランカ、タイの3ヵ国を加えて、２０１７(平成29)年度から7ヵ国として東南アジア各国の海上保安機関の能力向上支援に本格的に乗り出すとともに、東南アジア関係の国際シンポジウムを開催するなどして、関係を強化するため、「海上保安国際協力推進官」をトップとする新組織を設置する。

というものであった。

私は海上保安庁の変革の一つとして、東アジア、東南アジアで唯一のコーストガード・アカデミーである海上保安大学校が「海洋東アジアのコーストガード・アカデミー」と位置づけられ、海洋東アジア秩序のネットワークを構築することにより、海洋社会を実現させるという日本の海洋政策実現の一翼を

担う教育・研究機関になることを期待している。

また、２０００(平成12)年に海上保安庁の提唱により、東京で「海賊対策国際会議」が開催され(参加国：日本、韓国、中国、ロシア、アメリカ、カナダの６ヵ国)、以後「北太平洋海上保安フォーラムサミット」として、毎年６ヵ国輪番で開催している。２０１７(平成29)年９月には日本(海上保安庁)が幹事国になり、第18回フォーラムサミットが東京にて開催された。

また、同フォーラム終了後、引きつづいて同フォーラム参加６ヵ国を含めた36ヵ国と、国際海事機関(ＩＭＯ)など国際３機関が参加する「世界海上保安機関長官級会合」(Coast Guard Global Summit：ＣＧＧＳ)が東京で初めて開催された。公益財団法人日本財団と海上保安庁の共同開催で、参加機関はアジア、大洋州、北米をはじめ、中南米、中東、ヨーロッパ、アフリカの海上警察機関などである。北太平洋からさらに拡大してグローバルな海上警察機関の連携につながる第一歩としての新たな海洋政策の立ち上げであり、海洋が真に国際法が支配する社会となる方向へ動き出したといえる。これは日本の海洋基本法の理念である「人類の共有財産である海を護る国家日本」を世界にアピールする契機となるであろう。このＣＧＧＳ開催により、海上保安庁のソフトパワーは海洋東アジアからグローバルに拡大し、進化の過程が一歩進んだ。このＣＧＧＳを継続することにより、大いなる進化を遂げることを望みたい。

このＣＧＧＳには、大陸国家と海洋国家双方の海上警察機関が参加している。このことは、「海洋は国際法が支配する」ことを裏づけるとともに、「海洋に関する秩序の維持、海洋環境の保全、海上交通の安全などは全地球的問題である」ことを、大陸国家にも再認識させる会合でもある。

前章で述べたように、海上保安体制強化に関する総理官邸主導の関係閣僚会議開催において、海上保安庁関連予算の増額と海上保安官の増員の方向が打ち出された。その際、私は「海上保安庁が現場官庁から政策官庁に脱皮した記憶すべき瞬間ではなかったか」と述べたが、新たにそれを確信する動きがあった。

2018(平成30)年5月15日の閣議で政府は、今後5年間の海洋政策指針となる「第3期海洋基本計画」を閣議決定した。日本周辺海域の情勢は中国の海洋進出、北朝鮮の核・ミサイル開発によっていっそう厳しさを増し、日本の海洋権益はこれまでになく深刻な脅威・リスクにさらされているとして、「海洋資源開発など」を重点とした従来の計画を転換し、「総合的な海洋の安全保障の強化」を中核とする計画を展開する方針を打ち出した。その中には、これまで海上保安庁の政策としてきた「海上法執行能力の強化」「領海警備および海洋監視体制の強化」「海洋権益の確保のための海洋調査体制の強化」「シーレーン沿岸国への海上法執行能力向上支援」「アジア海上保安機関長会議および世界海上保安機関長官級会合の主導」などが含まれており、海上保安庁の政策がまさに日本国政府の政策として位置づけられたものといえる。

なお、元アメリカ国防次官のジョセフ・S・ナイ教授(ハーバード大学)は、「国力は軍事力、経済力、ソフトパワーの三つに分けることができ、軍事力と経済力の二つのパワーは他国に対して軍事制裁、経済制裁として用いられるので、ハードパワーであり、その他の国力がソフトパワーである」と定義している。私は一貫してこのソフトパワーに注目してきた。トータルとして日本の国力を維持・向上させ、国際社会における日本の存在感、発言力を高めるためには、国内世論、国際世論、財政問題で高いハードルが待ちかまえるハードパワーより、ソフトパワーを拡大するほうが日本にとって現実的かつ有効な国策であると指摘してきた。国際法が支配する海洋において、国際法にもとづく法執行機関の海上警察力はまさにソフトパワーであり、このソフトパワーをおおいに機能させる政策を国際社会にアピールすることが、海洋国家日本としての重要施策の一つであると考えている。

今回閣議決定された「第３期海洋基本計画」で示された政策は、海上保安庁の海上警察力が国力におけるソフトパワーの一つとして認知され、国家の政策として組み込まれたものと理解している。

最後に、イギリス元首相チャーチルの言葉を、海上保安庁と海上保安官へのエールとして贈りたい。

To improve is to change; to be perfect is to change often.

（向上とは、変化である。完璧とは、変化をつづけることである。）

「正義仁愛」精神のもと、自己改革エネルギーを維持し、組織として進化しつづけることを願いつつ、大陸アジアと海洋アジアのはざまで海上保安庁がどのような進化を遂げるのか、今後とも海上保安庁の政策および活動を見守りつづけていきたい。

「あとがき」にかえて――私の履歴書

私は、海上保安大学校で一般教養(物理・化学など自然科学、経済・歴史学など人文科学)、外国語学、基礎法学(憲法、民法、刑法、行政法、国際法など)、海事、機関工学、海上警察学などの基礎的な教育・訓練を受けて、以後、海上保安庁を中心に勤務した。離島、海外勤務も経験してきた。41年間、海上警察行政などを通して、「海」の上から日本と海洋東アジアを見つづけ、海上保安庁の変遷を目撃してきた。私自身も、その変遷の中でさまざまな試行錯誤を経験した。

本書は、私が海上保安官人生の中で、その経験をふまえて、「海で考えたこと」と「どのような経験をしながら、海上保安庁の改革(進化)を見つづけたのか」を整理したものである。その背景である私の海上保安官としての履歴を書かなければ、本書は完結しないという思いがあり、「あとがき」にかえて「私の履歴書」を書くこととした。

私は故郷大分県の高等学校を卒業して、広島・呉にある海上保安大学校に入学するため、一人普通列車の片道切符で同大学校に赴き、入学手続きをすませ、学生寮に入った。当時、国立大学は1期校、2期校の区別(受験期日の区分)があり、それぞれ1校を受験することができ、私は1期校の広島大学、2

期校の神戸商船大学を受験、その他にも、国家公務員養成機関の各種大学校が受験日が国立大学とは異なっていたので、防衛大学校、海上保安大学校も受験した。

家庭の経済状況もあり、私立大学は受験しなかった。当初、大学進学は考えておらず、部活動は剣道をやっており、高校3年生の冬休みまで練習をつづけていた。兄から「家は俺が父親を手伝う。おまえは大学に行け」と言われ、あれこれ漠然と将来を考え、衣食住つきで海外活動もできる海での職業を考え、かつ授業料のいらない大学校があることを知り、防衛大学校、海上保安大学校と神戸商船大学を受験することにした。

1期校の広島大学は、高校の担任から受験を勧められたので、入学する気は全くなかったが受験した。神戸商船大学は、奨学金資格審査にパスすれば学業はつづけられると考えていた。受験結果は、防衛大学校と海上保安大学校が1次試験合格、神戸商船大学も合格だった。各種大学校は2次試験(体力および口述試験)があり、防衛大学校は口述試験に落ち、海上保安大学校と神戸商船大学が残った。

父親は熊本幼年学校(旧陸軍士官養成学校)の出身であり、私の海上保安大学校への進学を望んでおり、前述の広島・呉への片道切符になったのである。

海上保安大学校に入学したものの、神戸商船大学への入学があきらめられず、オリエンテーション中、学生寮の当直教官に神戸行きの希望のことを話し、神戸までの鉄道運賃の借用を願い出た。しかし、当直教官室で「私も今の東京商船大学の卒業生で、戦時中海軍士官となり、戦後、海上保安庁が創設され、海上保安庁に入庁した者であるが、海上保安大学校でも国家試験である海技資格試験の甲種船長・機関長までの受験資格のある教育訓練を受けられるので、その意味では神戸商船大学と同じである。海上保安大学校に残り、卒業後に次の進路を考えても遅くはない」と諭され、そのまま海上保安大学校に残ることになった。

人生の岐路を、その時点において自身が認識することはなかなか困難であるが、今から考えれば、当時の兄の言葉、防衛大学校口述試験不合格、広島・呉への片道切符、当直教官との出会いが、私の海上保安官人生への分岐点となり、以来、41年の長きにわたる海上保安官人生を過ごすこととなった。

その間、海上保安庁での陸上・海上勤務、他省庁への出向、海外勤務を経験し、職場の上司、同僚および勤務地の関係者などに、少なからず影響を受けた。主な勤務地・職務は以下のとおりである。

1971(昭和46)年3月：海上保安大学校卒業。オーストラリア方面遠洋航海。海技国家試験受験
　　　　　　　12月：横浜海上保安部巡視船勤務(初任地)
1975(　50)年4月：旧運輸省大臣官房勤務。以後、海上保安庁(本庁)勤務
1978(　53)年8月：旧厳原(対馬)海上保安部巡視艇機関長
1985(　60)年4月：横浜海上保安部警備救難課長
1987(　62)年2月：外務省在釜山日本国総領事館領事
1990(平成2)年4月：海上保安庁復帰。以後、本庁運用司令室専門官、海上保安部巡視船勤務
1994(　6)年6月：第七管区(門司)本部警備救難部企画調整官(当時)
1995(　7)年4月：旧名瀬(奄美)海上保安部長
1997(　9)年4月：第五管区(神戸)本部警備救難部長。以後、第三管区(横浜)本部同部長

２０００（12）年４月：本庁救難課長
２００１（13）年４月：第十一管区（那覇）本部次長
２００３（15）年４月：第八管区（舞鶴）本部長
２００５（17）年４月：本庁警備救難部長
２００６（18）年４月：本庁警備救難監
２００８（20）年４月：海上保安庁退職
２００９（21）年７月：独立行政法人海上災害防止センター理事長
２０１３（25）年10月：独立行政法人同センター解散。同理事長退任

１９９５年に海上保安庁の地方出先組織の管理職（名瀬（奄美）海上保安部長）となり、その地域の海上保安行政の責任者、多数の職員を指揮監督する立場となって、日々緊張の中でも、奄美観光大使を委嘱されるなど、地元と交流しながら、海上保安庁の存在理由を自問自答し、社会現象などにも目が行くようになった。

その頃から、毎年の年賀状に、当時の事件・事故と世相に関する自分の意見などを書くようになっていた。年賀状にはその年を総括し、海上保安行政への思いも書き綴ってきた。それ以後の年賀状は筆者の海上保安官人生の来歴であると同時に、書き綴った内容は前著と本書を書く動機にも通じるものがあるので、年賀状の文面を以下に公開する。

平成8年(奄美大島)

昨年は年頭から天変地異に度肝を抜かれ、オウムの鳴く暑い夏を過ごし、国際金融不正・沖縄問題に米国との関係に不安を感じ、天国に少し近い島の奄美近海地震に肝を冷やした年でした。日本国の政治・経済・社会生活は戦後路線の転向点を過ぎ大きくカーブが切られている最中で、あらゆる所に軋みが生じています。軟着陸させる為には膨大なパワーが必要です。大きな、大きな元気玉を作るしかありません。明日を信じて離島奄美で頑張っています。

平成9年(奄美大島)

世間は、行政改革(省庁再編等)、経済構造改革が待ったなしで行われようとしている中、物質主義・拝金主義が蔓延り、日本の心が失われていき、どうにもならない所まで来てしまった感が有ります。「物の豊かさ」の時代から「心の豊かさ」の時代へと帰ることが、此処から脱する方法なのか?

平成10年(神戸)

奄美大島住民の海人(かいじん)気質に触れたせいか、昨年の海上保安庁に対する省庁再編の考え方にも違和感を覚え、日本国は、やはり海洋民族国家ではなく海洋に囲まれた農耕民族国家であると再認識させられました。海からの発想で日本国を見ることが出来るのは海上保安庁だけなのか?

平成11年（神戸）

昨年は省庁再編・景気対策に伴う動きが激しく、国際社会の日本を見る眼も厳しさが増してきて、日本人も従来の思考回路では対応困難であると切実に考える様になり、日本型諸制度も大きく変化しつつあります。不確実性の時代の真っ只中、20世紀最後の年、気を充実させ元気に暮らしていきたいものです。誕生以来50年の毒気を掃き出し、大きな自分自身の元気玉を作るため気功術を始めました。「気が停滞すれば病気、気が循環すれば元気」

平成12年（横浜）

昨年は密航・密輸事件、新生丸海難事故、日本海不審船事案、東海村ＪＣＯ事故、九州・沖縄サミット海上警備準備の対応を迫られる等した年でした。国内では政治・警察不信、社会不安、安全神話・家族崩壊等現在のシステムが悉く崩れさる音がした様な年でした。「全てを守れば全てを失う。全てを攻めれば全てに頓挫する」（孫子）を肝に銘じ、人間本位・現場主義で人々、家族と関わり一歩一歩進んでいくしかないと覚悟を決め、21世紀心豊かに明日を信じて暮らして行きたいものです。

平成13年（東京）

本年1月から中央省庁等再編が行われ、今後行政組織が政策目標を立て、その政策評価を受けるシステム、要するに国民から行政の品質管理を受けることに成ります。組織改革は仕方を変えるのではなく、仕組を変えなければならないものであり、これまでは効率、効果が社会正義のシステムであったと思いますが、これからは「最小の努力で最大の効果より、最小の効果のためにも最大の努力をする！」（高田好胤師）ことが肝要であり、心の豊かさ、時間を味方にして国民（住民）の心を動かす行政が必要ではないかと思います。行政組織の仕事の本質は、その組織が有って良かったと地域の人々が思い、現場での人と人の繋がり（住民との喜怒哀楽の共有）の大きさが基本です。デジタル思考で戦術スキルを磨き、人間的アナログ思考での現場対応で人々・家族と関わり、21世紀を迎えたいと思います。

平成14年（沖縄）

沖縄にて初めての正月を過ごしておりますが、5年前に奄美大島で勤務しておりますから、奄美時代を思い出し快適に過ごしております。昨年は米国中枢多発テロ事件が発生し、地球の回転が急に早くなり、世界及び日本の政治・経済に大きな影響が有りましたが、その影響はやはりパイの小さい所に出るもので、国内では沖縄を直撃した感が有ります。「良いことは必ず実現する。悪いことは長くは続かない」と言いますが、正面を向いて努力を継続すれば、何事も克服できると信じたいと思います。「勝つための最低条件は逃げないことであり、負けないための最大条件は、やはり、逃げないことです」

平成15年（沖縄）

一昨年12月北朝鮮工作船事件が東シナ海にて発生、昨年は対応に忙殺、以後の措置に多忙を極め、劇的な日朝首脳会談の行方に期待と不安を抱きながら、日本経済も一段と不透明さを増し、不確実な状況が続いていますが、ここにきて一部地域に「町おこし」（高度成長期の開発型）ではなく、「町残し」する住民パワーが芽生え、見直され、ようやく日本人は心を取り戻そうとしている。「モノより心」と言う価値観の転換期を通り抜け、高度成長期に失ったモノに気付き、日本人は必ず再生すると信じ、更には「正義の無理な実現は敵(被害者)を作る」もので、時間はかかるが「正気(仁愛)の実践は人間(日本)を守る」ことを信じたいものです。

平成16年(舞鶴)　喪中(兄の他界)

平成17年(舞鶴)

昨年は福井市の集中豪雨、舞鶴市・豊岡市等の台風22号、新潟県中越地震被害等と普段は平穏な日本海及び若狭湾方面も多忙、なお、被害者のことを考えると気が重たくなる年でした。ブッシュ米国大統領も2期目に入り、日本国も覚悟の年?になり、加えて韓半島の微妙な動きが気になる日本海です。「進化論的バランスを失うと生物は滅びる。国家と言う生き物も同様に、そのバランスを忘れ、歴史的流れから外れ、イデオロギー的正義感だけで走ると危ない」と言われますが、１００年前の生存をかけた日本海海戦時代の先人に思いを馳せ、「日本の文明力」の復活を信じたいものです。

平成18年(東京)

昨年は5月末対馬海峡で韓国漁船を巡り韓国海洋警察庁と海保庁両国船艇が対峙した事件、9月中旬熊野灘内航タンカー衝突炎上事件。9月末根室沖イスラエル・コンテナ船とサンマ漁船衝突事件等社会的反響のある事件が相次ぎ、当庁の強み、独自性を大いにアピールできた年であったと思います。「人や組織には強みと弱みがあり、強みを生かすことによってのみ成果をあげられるもので、特に小組織が大組織に勝つ戦略は強みを生かし、独自性を発揮、勢力・思考を集中させることである」と言われていますが、加えて、「力なき正義は無力、仁愛なき力は正義に非ず」であり、初代長官が提唱した「正義仁愛」を大きく掲げ、其々を実践していきたいものです。

平成19年(東京)

昨年は日本海竹島周辺海洋調査、北方四島日本漁船銃撃・拿捕事件、尖閣諸島魚釣島保釣活動対応と我が国領有権・戦後外交問題の全てが海上保安庁の最前線で顕在化した年であったと思います。「外交は大きな棍棒をもって穏やかに交渉せよ」と言われていますが、力が無ければ交渉は出来ないものであり、今までの様に「現金の入った大きなカバン(経済力)」だけでは限界があります。「海上保安シーパワー」は大きな棍棒ではないが、腰の強い竹の棒にはなると考えており、この竹の棒が更になるよう、今後ともこのシーパワーを磨き続けたいと思います。

平成20年(東京)

海上保安官人生は既に最終章に入っております。昨年7月20日「海の日」に海洋基本法が施行され、海洋国家日本の復活を期してやっと動き始めました。しかし、日本は本当に海洋民族国家なのか？　単に海に囲まれた農耕民族国家なのか？『古代からの伝言』(八木荘司著)、『文明の海洋史観』(川勝平太著）を読んで7世紀白村江の戦での大和水軍の全滅、16世紀の秀吉の朝鮮出兵の失敗、20世紀太平洋戦争の敗北、その都度国策を海洋志向から内地思考に切り替えているが、確かに海洋民族のＤＮＡは血液の中に流れており、現在その流れはあまりにも微弱電流であり、この海洋基本法が起爆剤となり、イデオロギー的正義感ではなく歴史的バランス観を踏まえ、海洋民族気質の大電流が流れ始めることを願い続けたいと思います。

平成21年（横浜）

昨年4月1日付で海上保安官生活を終え、第2の人生をスタートさせ、初めての正月を迎えております。41年間の海上保安官生活で身に付いた習慣は、なかなか抜けないもので、情報が極端に少なくなったことによる情緒不安定な状態が、今でも少し続いています。加えて、海上保安庁と言う組織が如何に大きな組織であったかを改めて感じるとともに、最近の海上保安激動の10年間に身を置き、政府全体及び国民の皆さんにも海上保安庁のポリスシーパワーが如何なるパワーであるかを理解され始めたと感じています。今年は、このポリスシーパワーに対する認識が、更に深まる様、ＯＢの一人として助力したいと考えています。

平成22年（横浜）

海上保安庁を退職してから、有志メンバーで海洋・東アジア研究会を立ち上げ、昨年『海上保安庁進化論――海洋国家日本のポリスシーパワー』出版。歴史家は、国の衰退はその国の国民の精神力の衰退によると言うが、国民の精神力は何故衰退するのか？　塩野七生著『海の都の物語』では、「海に生きた時代のヴェネツィアの社会では、貧富の差が固定していなかった。つまり格差は有っても流動性があった」「民衆は衰退期に入っても、彼らなりの活力を維持し続けるものだ。恐ろしいのは指導者階級の活力の衰えなのである」と言う。新政権には、イデオロギー的理想論ではなく、国際的現実主義による海洋国家の再生を真に望みたい。

平成23年（横浜）

尖閣衝突事件ビデオ流出事案は誠に残念です。民主党政権の政治運営を見て、「国家は全て、如何なる時代でも、如何なる政体を選択しようとも関係なく、自らを守るためには『力』と『思慮』の双方を必要としてきたのである」（マキャベリ語録）の言葉を思い出します。政治は現実論であり、決して観念論ではありません。企業経営も政治も毎日が戦いであり、民主党は国家戦略、政治主導と言うが、言葉だけが踊っているように見えます。海上保安庁の現場も観念論では動けません。力なき正義は無力であり、海上保安庁創設以来の精神である「正義仁愛」の実践力を強く信じたいものです。

平成24年（横浜）

昨年は日本国の転換点になる一年だった様に思います。海上では東日本大震災による東京湾及び仙台港での石油コンビナート火災・海上油流出事故などが有り、今回の大震災では「国家と言う共同体の枠組みの重要性とそれがきちんと機能することが如何に大切か！」が再認識され、国家を守るためには、国家に対する信頼と国家に関する歴史観の再生ではないかと考えさせられました。「たくましい民の上にこそ、力強い官が成る」（福沢諭吉）の言葉と日本人の覚悟を信じたいものです。

平成25年（横浜）

東京は国政に近いことも有り、世相に敏感になり、故郷・子・孫の行く末を思うと暗澹たる気持ちに成ります。ギボン『ローマ帝国衰亡史』の「倅よ、我既に老いてこの槍は我が腕に重し。汝、我に代りてこの槍を担え」と言う古兵に成るのはまだ早い。今、この国に必要なことは秘めたる強さの国力と日本人教育ではないか。国力の根本は日本人教育が基盤であり、これを支えるのが、自分が生まれ、育ててくれた本質（故郷・先祖）を思う心であり、次の日本人を育てることは親の責務であり希望です。これは個人が出来る国防であり、福沢諭吉の「立国は公に非ず。私なり。独立の心なき者は国を思うこと深切ならず」を胸に、槍を子・孫に託すまで日本人としての役割を果たしたいと思います。

平成26年（東京）

独立行政法人海上災害防止センターは昨年10月1日に解散、一般財団法人に同センターの資産、権利・義務を承継。私は同センターを退職、任務完了です。最近、憲法9条解釈論議が有りますが、「戦争放棄」と「自衛放棄」は違います。家族（故郷）及び民族（国土）を守るため、国家は十分な経済力と防衛力を持ち、国土等を自衛出来なければなりません。戦争放棄の憲法を守り抜くためにも防衛力を維持、強化すべきと考えています。明治の政治家小村寿太郎は「軍備の充実と経済振興が基礎で、力の裏付けのない外交は理念が如何に正しくても敗北する。外交は力こそが正義であり、国家を守る要諦である」と。政治は目先の事だけでなく、日本の国家と文明の伝統に対する揺るぎない「自信」「使命感」が必要であり、安倍政権に期待したいものです。

平成27年（東京）

最近、集団的自衛権を巡り「平和主義か軍国主義か」と矮小化した議論が有るが、戦後復興時の「吉田ドクトリン」（軽武装、経済優先路線）での議論であり、国際的に安全保障環境が劇的に変化している時代、「一国平和主義」は最早通用しません。憲法9条（戦争放棄）を堅持し、如何に日本国の安全保障を確保し、「孤立主義と国際協調主義」のどちらを選択するのかの問題です。私事ですが、昨年4月から四国遍路を始め、毎月（2〜3日泊）四国に赴いています。昨年は歩き遍路で徳島県（1番札所）〜愛媛県（41番札所）まで約650㎞踏破しました。まだ、遍路半ばですが、今年春から初夏までには88ヵ所を踏破、空海上人を祀る高野山に赴きたいと考えてます。健康寿命を維持し、人との関わりが減らないよう、頭と体を動かし続けたいと思います。

平成28年（東京）

最近、安保法案成立、国家の安全保障は直接国家統治の基本に関する高度に政治性のある国家行為であり、「この様な国家行為は裁判所の審査権の外であり、その判断は主権者たる国民にある」との最高裁判例もあるが、憲法9条（戦争放棄）を堅持し、今は国際協調主義に舵を切る日本国民覚悟の時。この日常の中で原始的体験を求め、毎月1回(3～4日間)四国遍路に通い、昨年7月10日88番札所(香川県大窪寺)に到達、四国遍路は結願。同年8月30日に弘法大師に無事結願の報告(お礼参り)に高野山奥の院へ赴きました。延べ約1200㎞踏破するのに1年2ヵ月掛かったが、遍路中、国内外の歩き遍路さんに巡り合い、又四国人のお接待など色々な体験をしました。宗教心は薄いのですが、「何か」が心の中で動き始めている様な気配を感じています。この「何か」に動かされ、次は何をしようか?思案しています。

平成29年(東京)

最近の国会で憲法論議再開。その内容に実感できる論点は? 憲法の役割は「国家権力を制限し、国民の権利・自由を堅持する。これが立憲主義である」と学問的議論? それだけが憲法の役割? 国家の成り立ち・歴史・文化など現在に繋がるこの国の形が語られてない。また、「自衛権行使を除き、国際紛争の解決を戦争に求めず、国権の発動としての武力を行使しない」ことは日本の基本的国益に合致していると思う中、野党は国際協調を叫ぶが、「国連平和活動に自衛隊派遣は反対」集団安全保障で自衛官派遣・活動するのは国権の発動としての武力行使ではない。野党の独善的一国平和主義は実感できない。政治は現実的実践論であり、学問的観念論ではない。日本(政治・経済・生活・家族)が劣化していると感じる。『武士道』(新渡戸稲造)に基づき日本民族を形成した普遍性のある行動信条を再認識・再教育する必要があると思います。

以上が筆者の海上保安官としての履歴である。このように振り返ってみると、故郷を離れてから思えば遠くまで歩いてきたように思え、感慨深いものがある。

本書を「海」から日本および海洋東アジアを見つづけた海上保安官人生の一区切りとしたいが、今の日本周辺海域は「19世紀末の日清・日露戦争開戦前夜の明治のあの頃に〝先祖がえり〟したと思わせるまでに酷似してきた」と、渡辺利夫氏(拓殖大学元学長)が指摘しているとおり、不安定化している中、日本国内でも国益などを守るため、国力を維持、向上させる必要性を感じはじめているのではないかと思う。

国力の根本は日本人の精神力であり、次世代の日本人を育てることは親の責務であり希望である。これは個人ができる国防でもあり、福沢諭吉の「立国は公に非ず、私なり。独立の心なき者は国を思うこと深切ならず」という言葉を肝に銘じたい。また菅原道真の「心だに誠の道にかなひなば祈らずとても神やまもらむ」(心さえやましくなければ、ことさら神に祈らなくても、おのずから神の加護があるであろう)には、日本文明の宗教的特質の核心、すなわち「日本精神」のすべてが込められていると言われている。まさにこの「日本精神」が国民に共鳴して、東日本大震災の被災者の方々の冷静な活動に現れ、多くの日本人の心を動かす原動力になったと思う。

日本人としてその役割を果たすため、海洋国家日本の再生を信じて、今後とも「海」から日本を見守り、社会的責務を果たしつづけたい。

なお、本書の出版にあたっては、今後の海上保安行政や海洋東アジア情勢について意見交換をおこなうため集まった「海洋東アジア研究会」のメンバーである岩尾克治氏、米田堅持氏、滝川徹氏、小林利光氏、長谷川一英氏に、勉強会と称する飲み会の席で、さまざまなヒントをいただいたことを感謝するともに、本書の編集にご協力をいただいた森光実氏にも深くお礼を申し上げたい。

冨賀見　栄一

令和2年10月吉日

資料

戦後70年　内閣総理大臣談話

平成27年度　海上保安学校卒業式　内閣総理大臣祝辞

戦後70年　内閣総理大臣談話

終戦七十年を迎えるにあたり、先の大戦への道のり、戦後の歩み、二十世紀という時代を、私たちは、心静かに振り返り、その歴史の教訓の中から、未来への知恵を学ばなければならないと考えます。

百年以上前の世界には、西洋諸国を中心とした国々の広大な植民地が、広がっていました。圧倒的な技術優位を背景に、植民地支配の波は、十九世紀、アジアにも押し寄せました。その危機感が、日本にとって、近代化の原動力となったことは、間違いありません。アジアで最初に立憲政治を打ち立て、独立を守り抜きました。日露戦争は、植民地支配のもとにあった、多くのアジアやアフリカの人々を勇気づけました。

世界を巻き込んだ第一次世界大戦を経て、民族自決の動きが広がり、それまでの植民地化にブレーキがかかりました。この戦争は、一千万人もの戦死者を出す、悲惨な戦争でありました。人々は「平和」を強く願い、国際連盟を創設し、不戦条約を生み出しました。戦争自体を違法化する、新たな国際社会の潮流が生まれました。

当初は、日本も足並みを揃えました。しかし、世界恐慌が発生し、欧米諸国が、植民地経済を巻き込んだ、経済のブロック化を進めると、日本経済は大きな打撃を受けました。その中で日本は、孤立感を深め、外交的、経済的な行き詰まりを、力の行使によって解決しようと試みました。国内の政治システムは、その歯止めたりえなかった。こうして、日本は、世界の大勢を見失っていきました。

満州事変、そして国際連盟からの脱退。日本は、次第に、国際社会が壮絶な犠牲の上に築こうとした「新しい国際秩序」への「挑戦者」となっていった。進むべき針路を誤り、戦争への道を進んで行きました。

そして七十年前。日本は、敗戦しました。

戦後七十年にあたり、国内外に斃れたすべての人々の命の前に、深く頭を垂れ、痛惜の念を表すとともに、永劫の、哀悼の誠を捧げます。

先の大戦では、三百万余の同胞の命が失われました。祖国の行く末を案じ、家族の幸せを願いながら、戦陣に散った方々。終戦後、酷寒の、あるいは灼熱の、遠い異郷の地にあって、飢えや病に苦しみ、亡くなられた方々。広島や長崎での原爆投下、東京をはじめ各都市での爆撃、沖縄における地上戦などによって、たくさんの市井の人々が、無残にも犠牲となりました。

戦火を交えた国々でも、将来ある若者たちの命が、数知れず失われました。中国、東南アジア、太平洋の島々など、戦場となった地域では、戦闘のみならず、食糧難などにより、多くの無辜の民が苦しみ、犠牲となりました。戦場の陰には、深く名誉と尊厳を傷つけられた女性たちがいたことも、忘れてはなりません。

何の罪もない人々に、計り知れない損害と苦痛を、我が国が与えた事実。歴史とは実に取り返しのつかない、苛烈なものです。一人ひとりに、それぞれの人生があり、夢があり、愛する家族があった。この当然の事実をかみしめる時、今なお、言葉を失い、ただただ、断腸の念を禁じ得ません。

これほどまでの尊い犠牲の上に、現在の平和がある。これが、戦後日本の原点であります。

二度と戦争の惨禍を繰り返してはならない。

事変、侵略、戦争。いかなる武力の威嚇や行使も、国際紛争を解決する手段としては、もう二度と用いてはならない。植民地支配から永遠に訣別し、すべての民族の自決の権利が尊重される世界にしなければならない。

先の大戦への深い悔悟の念と共に、我が国は、そう誓いました。自由で民主的な国を創り上げ、法の支配を重んじ、ひたすら不戦の誓いを堅持してまいりました。七十年間に及ぶ平和国家としての歩みに、私たちは、静かな誇りを抱きながら、この不動の方針を、これからも貫いてまいります。

我が国は、先の大戦における行いについて、繰り返し、痛切な反省と心からのお詫びの気持ちを表明してきました。その思いを実際の行動で示すため、インドネシア、フィリピンはじめ東南アジアの国々、台湾、韓国、中国など、隣人であるアジアの人々が歩んできた苦難の歴史を胸に刻み、戦後一貫して、その平和と繁栄のために力を尽くしてきました。

こうした歴代内閣の立場は、今後も、揺るぎないものであります。

ただ、私たちがいかなる努力を尽くそうとも、家族を失った方々の悲しみ、戦禍によって塗炭の苦しみを味わった人々の辛い記憶は、これからも、決して癒えることはないでしょう。

ですから、私たちは、心に留めなければなりません。

戦後、六百万人を超える引揚者が、アジア太平洋の各地から無事帰還でき、日本再建の原動力となった事実を。中国に置き去りにされた三千人近い日本人の子どもたちが、無事成長し、再び祖国の土を踏むことができた事実を。米国や英国、オランダ、豪州などの元捕虜の皆さんが、長年にわたり、日本を訪れ、互いの戦死者のために慰霊を続けてくれている事実を。

戦争の苦痛を嘗め尽くした中国人の皆さんや、日本軍によって耐え難い苦痛を受けた元捕虜の皆さんが、それほど寛容であるためには、どれほどの心の葛藤があり、いかほどの努力が必要であったか。

そのことに、私たちは、思いを致さなければなりません。

寛容の心によって、日本は、戦後、国際社会に復帰することができました。戦後七十年のこの機にあたり、我が国は、和解のために力を尽くしてくださった、すべての国々、すべての方々に、心からの感謝の気持ちを表したいと思います。

日本では、戦後生まれの世代が、今や、人口の八割を超えています。あの戦争には何ら関わりのない、私たちの子や孫、そしてその先の世代の子どもたちに、謝罪を続ける宿命を背負わせてはなりません。しかし、それでもなお、私たち日本人は、世代を超えて、過去の歴史に真正面から向き合わなければなりません。謙虚な気持ちで、過去を受け継ぎ、未来へと引き渡す責任があります。

私たちの親、そのまた親の世代が、戦後の焼け野原、貧しさのどん底の中で、命をつなぐことができた。そして、現在の私たちの世代、さらに次の世代へと、未来をつないでいくことができる。それは、先人たちのたゆまぬ努力と共に、敵として熾烈に戦った、米国、豪州、欧州諸国をはじめ、本当にたくさんの国々から、恩讐を越えて、善意と支援の手が差しのべられたおかげであります。

そのことを、私たちは、未来へと語り継いでいかなければならない。歴史の教訓を深く胸に刻み、より良い未来を切り拓いていく、アジア、そして世界の平和と繁栄に力を尽くす。その大きな責任があります。

私たちは、自らの行き詰まりを力によって打開しようとした過去を、この胸に刻み続けます。だからこそ、我が国は、いかなる紛争も、法の支配を尊重し、力の行使ではなく、平和的・外交的に解決すべきである。この原則を、これからも堅く守り、世界の国々にも働きかけてまいります。唯一の戦争被爆国として、核兵器の不拡散と究極の廃絶を目指し、国際社会でその責任を果たしてまいります。

私たちは、二十世紀において、戦時下、多くの女性たちの尊厳や名誉が深く傷つけられた過去を、この胸に刻み続けます。だからこそ、我が国は、そうした女性たちの心に、常に寄り添う国でありたい。二十一世紀こそ、女性の人権が傷つけられることのない世紀とするため、世界をリードしてまいります。

私たちは、経済のブロック化が紛争の芽を育てた過去を、この胸に刻み続けます。だからこそ、我が国は、いかなる国の恣意にも左右されない、自由で、公正で、開かれた国際経済システムを発展させ、途上国支援を強化し、世界の更なる繁栄を牽引してまいります。繁栄こそ、平和の礎です。暴力の温床ともなる貧困に立ち向かい、世界のあらゆる人々に、医療と教育、自立の機会を提供するため、一層、力を尽くしてまいります。

私たちは、国際秩序への挑戦者となってしまった過去を、この胸に刻み続けます。だからこそ、我が国は、自由、民主主義、人権といった基本的価値を揺るぎないものとして堅持し、その価値を共有する国々と手を携えて、「積極的平和主義」の旗を高く掲げ、世界の平和と繁栄にこれまで以上に貢献してまいります。

終戦八十年、九十年、さらには百年に向けて、そのような日本を、国民の皆様と共に創り上げていく。その決意であります。

平成27年8月14日

内閣総理大臣　安倍晋三

平成27年度　海上保安学校卒業式　内閣総理大臣祝辞

本日、内閣総理大臣として初めて、この海上保安学校の卒業式に臨み、祝辞を述べる機会を得たことを、大変嬉しく思います。

卒業、おめでとう。

卒業生諸君の、誠に礼儀正しく、希望に満ちあふれた姿に接し、頼もしく感じております。本日は、諸君がここを巣立ち、海上保安官としてのスタートを切る良い機会ですので、一言申し上げます。

台風が近づき、しける海の真ん中で、その事故は起きました。

7年前、八丈島沖で、一隻の漁船が転覆しました。「船体発見」との知らせを受け、6人の潜水士が、現場へと急行しました。

漁船が消息を絶って既に3日。しかし、潜水士たちは決して諦めませんでした。懸命の捜索作業を続け、船底のわずかな空気だまりに、3人の生存者がいることを発見しました。

「よく生きていてくれた。必ず助けようと自分を奮い立たせた」

当時の榎木潜水士の言葉からは、その強い責任感が伝わってきます。

転覆船での作業は、全員、初めての経験でありましたが、冷静、かつ、見事な連携プレーにより、船内から3人の乗組員を無事救出しました。

救出されたお一人、鳰原さんの二人のお子さんは、当時、小学生でありました。

「お父さんに会えて、良かった」

こう言って、無事帰還したお父さんと抱き合ったまま、泣きじゃくっていたそうであります。

人の命を守る。それは、家族の幸せな暮らしを守ることでもあります。その任務は、誠に崇高なものです。

昨年の関東・東北豪雨の現場にも、諸君の先輩たちの姿がありました。

洪水被害を受けた町では、多くの人たちが取り残されたまま、夜を迎えました。本当に不安な気持ちであったと思います。

そうした中で、海上保安庁・特殊救難隊のヘリは、サーチライトを照らしながら、一晩中、救出活動を続けました。その姿は、濁流の中に取り残された人たちを、どれほど勇気づけたことでありましょう。

海難事故や災害の現場で、大きな不安に駆られながら、諸君たちの救助を待っている人たちがいる。国民が、諸君を頼りにしています。その自信と誇りを胸に、いかに困難な現場であっても、立派に任務を全うしてほしいと思います。

この3年間、私は、横浜や、那覇などで、大いに活躍する海上保安官たちの頼もしい雄姿を、目の当たりにしてきました。

広大な南西の海を守る「最前線」、石垣海上保安部にも、足を運びました。

私が訪れた日も、視察予定であった巡視船「えさん」が、早朝に緊急出港するなど、緊迫した空気が張りつめた「現場」でありました。尖閣諸島周辺海域から戻ったばかりの巡視船「いしがき」では、同海域の現状を耳にし、厳しい現実を改めて実感しました。

領海侵犯船との距離は、わずか20メートル。

それでも、巡視船「いしがき」は、迷うことなく、領海侵犯船と日本漁船の間に割って入った。高度な操船技術を駆使して、領海侵犯行為に毅然と立ち向かい、日本漁船を守り抜きました。

国民を守る。そして、我が国の領土・領海は、断固として、守り抜く。その強い決意がもたらした結果であった、と思います。

今、この瞬間も、日本を取り巻く広大な海を、諸君の先輩たちが、24時間365日体制で、警戒監視にあたっています。荒波も恐れず、極度の緊張感に耐え、「現場」での任務を立派に果たす彼らは、日本国民の誇りであります。

諸君が、これから臨むのは、こうした厳しい「現場」であります。この困難な道を強い使命感を持って選び取った諸君に、心から敬意を表したいと思います。

15年前の事件でも、諸君の先輩たちは、海上保安官としての揺るぎない使命感を、身をもって示してくれました。

九州南西海域で、巡視船「あまみ」は、追跡していた不審船から突然、自動小銃により攻撃されました。

「かがめ！」

久留主船長の声が、船橋に響きました。百発を超える銃弾を受ける中で、長友航海士、金城航海長が、次々に負傷しました。ロケットランチャーによる攻撃まで行われました。

しかし、そうした過酷な状況のもとでも、諸君の先輩たちは、たじろぐことなく任務を継続し、不審船の逃亡を決して許しませんでした。

任務終了後、この海上保安学校の卒業生でもある久留主船長は、銃撃戦が行われた「現場」の状況を振り返り、こう語っています。

「みな一致団結して、当たり前のことのようにやっていた」

いかなる状況にあっても、「当たり前のことのように」、任務をこなす。これは、並大抵のことではありません。しかし、これから海上保安官となる諸君には、その心構えを常に持って、これからも鍛錬を積み重ねてほしいと思います。

時には、辛く、苦しい、と感じることも、あるかもしれません。

しかし、そうした時には、この海上保安学校での学びの日々を、どうか思い出してほしい。

厳しい訓練についていけず悔し涙を流した夜、皆で助け合って乗り切った3海里の遠泳、船酔いに苦しんだ乗船実習。全てが、諸君の血となり、肉となっています。

練習船「みうら」での厳しい実習を終え、達成感・充実感の中で食べた、あの「万願寺カレー」の味を思い出して、いかなる困難も乗り越えていってほしいと願います。

鎖国・日本の中で、いち早く「海」の重要性に着目した、林子平が、その著書『海国兵談』の中で、海の守りを強化すべきだ、と訴えたのは、220年ほど前のことであります。

航海技術が格段に進歩し、欧米の船舶が、日本へと度々訪れるようになった。その現状に、こう警鐘を鳴らしました。

「江戸の日本橋より　唐(カラ)、阿蘭陀(オランダ)迄　境なしの水路也」

日本の四方を取り囲む「海」は、技術進歩の前には、もはや外敵を防ぐ「砦」とはならない。江戸から、中国、ヨーロッパまで、簡単に行き来できる時代にあって、海の守りを固めなければならない、と説きました。

しかし、鎖国政策を堅持する江戸幕府は、こうした現実から目を背けてしまった。時代の変化に対応できず、幕府は、半世紀後、滅亡することとなります。

現代においても、私たちが、望むと望まざるとにかかわらず、テクノロジーは、日々、進化しています。国際情勢も、大きく激変している。こうした時代の変化に、私たちは常に、しっかりと目を凝らしていかなければなりません。

海の底に眠るさまざまな資源は、将来、我が国に、大きな恵みをもたらす可能性を秘めている。海洋権益を守るための調査は、極めて重要であります。豊かな海を守るためには、海洋環境を保全する努力も怠ってはなりません。

グローバル化が一層加速する中で、自由な海、平和で安全な海を守るためには、国際的な協力を深めることが、不可欠であります。

今も、世界の大動脈・アデン湾では、海上自衛隊と共に、海上保安官の諸君が、海賊対処に汗を流してくれています。東南アジアの国々の海上保安機関との二国間協力も、マラッカ海峡から南シナ海、東シナ海へとのびる海上交通路の安全を確保するため、欠かすことはできません。

平和で、豊かな、海を守る。海上保安庁の役割は、これからも変化し、その重要性を一層増していくことでありましょう。しかし、それは、時代の要請であります。

卒業生諸君。諸君には、どうか、広い視野を持ち続けてほしい。それぞれの現場において、柔軟な発想で、時代の変化に即応し、全力を尽くしてほしいと思います。

御家族の皆様。この晴れの日にあたり、心からのお祝いを申し上げたいと思います。

御覧のように、皆、立派な若武者となりました。入学前とは見違えるような、たくましく成長した姿を目の当たりにされて、感激もひとしおかと存じます。

彼らを海上保安官として送り出してくださったことに、内閣総理大臣として、心から感謝します。お預かりする以上、しっかりと任務が遂行できるよう、万全を期すことをお約束いたします。
最後となりましたが、学生の教育に尽力されてこられた教職員の方々に敬意を表するとともに、日頃から海上保安学校に御理解と御協力をいただいている御来賓の方々に感謝申し上げ、私の祝辞といたします。

平成28年3月19日

内閣総理大臣　安倍晋三

【参考文献】

『文明の海洋史観』川勝平太（中央公論新社）
『海上保安庁進化論――海洋国家日本のポリスシーパワー』冨賀見栄一監修（シーズ・プランニング）
『日本に国家戦略はあるのか』本田優（朝日新聞社）
『海洋国家日本の構想』高坂正堯（中央公論新社）
『文明の生態史観はいま』梅棹忠夫編（中央公論新社）
『対中戦略――無益な戦争を回避するために』近藤大介（講談社）
『「日中韓」外交戦争』読売新聞政治部（新潮社）
『大陸国家と海洋国家の戦略』佐藤徳太郎（原書房）
『国民の文明史』中西輝政（扶桑社）
『朝鮮民族を読み解く――北と南に共通するもの』古田博司（筑摩書房）
『この厄介な国、中国』岡田英弘（ワック）
『韓国社会を見つめて――似て非なるもの』黒田勝弘（徳間書店）
『新脱亜論』渡辺利夫（文藝春秋）
『日本存亡のとき』高坂正堯（講談社）
『文明が衰亡するとき』高坂正堯（新潮社）
『海洋連邦論―地球をガーデンアイランズに』川勝平太（ＰＨＰ研究所）
『アメリカ海兵隊――非営利型組織の自己革新』野中郁次郎（中央公論新社）

『海鳴りの日々——かくされた戦後史の断層』大久保武雄（海洋問題研究会）
『海上保安レポート〈２０１７〉』海上保安庁編集（日経印刷）
『対談　中国を考える』司馬遼太郎・陳舜臣（文藝春秋）

海上保安庁が今、求められているもの
　　―波立つ海洋東アジアで

2020年11月6日　第1刷発行

著　者　冨賀見栄一

発行者　長谷川一英

発行所　株式会社シーズ・プランニング
〒101-0065 東京都千代田区西神田2-3-5 千栄ビル2F
TEL. 03-6380-8260

発　売　株式会社星雲社(共同出版社・流通責任出版社)
〒112-0005 東京都文京区水道1-3-30
TEL. 03-3868-3275

© Eiichi Fukami 2020
ISBN 978-4-434-28208-9　　Printed in Japan